服務革命

吳伯良

推薦序

超越客戶期望，Austin 做到了！

星宇航空創辦人暨董事長　**張國煒**

我與 Austin 相識近三十年，和美國運通合作過程中，領會到他們旅遊服務部有溫度的顧問式服務不凡之處：「鍥而不捨替客戶完成夢想」，雖然這看似平常，卻是極難達成的目標。在 Austin 的帶領下，團隊成員致力於超越客戶的期望，為台灣的服務業樹立了殿堂級的標竿。

打造一流的服務部門至少需要五年。它不僅需要投入硬體、資金，軟體的建立、團隊人員的 mindset 培育，更非朝夕之功，唯有將這些人力的定位從「成本」轉為「資產」，才能打造優質的團隊成員。當花錢也無法解決客人的需求，就是展現人為價值的時候，這樣的觀念對台灣淺碟型的文化，不啻為當頭棒喝。培養優秀服務團隊需要時間與專業，不僅要建立制度與方法，還必須讓員工具備能提供顧客建議的知識與經驗，這些過程很難在短期內見到成效，對多數台灣企業無疑是奢侈的議題，但 **Austin** 以美國運通在台灣頂級信用卡屹立不搖多年的成績，證明了這是一條可行的道路。

在航空業這個充滿挑戰的領域裡，每一位員工都像接力賽中的關鍵跑者，扮演著重要的角色。從旅客看不到的機務維修和航勤作業，到購票時接觸的客服和票務人員，再到機場報到櫃台的運務員，以及在機艙內接觸時間最長的空服員和飛行員，每位成員都在接力棒傳遞的過程中，完美的承擔自己的任務。雖然每個人的任務性質和專業背景各不相同，但我們都有著共同的目標，那就是為旅客提供安全而精緻的飛行體驗。

「頂尖服務的鐵粉經濟學」強調的是，只要能夠提供卓越的服務，就能吸引並擁有一批忠實的粉絲，這些粉絲將成為服務與品牌的宣傳者，將口碑傳播得更遠更廣。對我而言，提升品牌價值不僅僅是為了商譽，更是自我實現的滿足感。

星宇航空成立甫滿五年，對於精品航空的追求始終堅定不移，但精品並不是奢華或高價，而是對於高品質和高標準的堅持和自我要求，並期待每一項服務細節都能讓旅客感受到我們的用心、優質和尊榮，這點與美國運通所呈現的精緻服務精神不謀而合。

個人是企業主也是消費者，非常樂見 **Austin** 能分享引領台灣頂級信用卡市場的從業心得，提升台灣服務業的價值，這對占台灣總就業人數近六成的服務業從業人員而言，實有莫大的激勵與鼓舞效果。

推薦序

台味服務的力量

老爺酒店集團執行長　沈方正

因個人在國際觀光旅館服務之故，我很早就開始接觸到美國運通的持卡人及客服人員。自老爺酒店集團的礁溪老爺酒店成立之初，即與美國運通合作，加入客戶優惠專案的合約飯店，並後續延伸至集團中各飯店。對飯店業而言，我們的訓練是希望同仁能具備敏銳的感知，可以察覺客戶需求，進而給予積極的回應，但是ＡＥ的旅遊暨生活休閒顧問團隊，則必須直接面對客戶的各種出題，無論任何需求，只要不違法，他們都希望盡其所能的達成客戶願望，我自己稱他們是服務行業中的「特種部隊」！

也因為聽過太多同仁回饋美國運通的白金秘書不辭辛苦、一日三回打電話來詢問熱門日期的訂房訂餐的故事，於是我曾拜託**Austin**，詢問是否能讓我們飯店主管跟白金秘書交流，偷學專屬於美國運通的服務心法。

如今在這本大作中，明明白白的展現出從人才選拔、團隊建立、觀念修正、價值創造、客戶心理學……再到近年來服務業面對的疫情衝擊、數位挑戰、客層轉換、組織革新等新挑戰的解方，伯良兄可說是毫不藏私的娓娓道出其中堂奧。服務業的主管或從業人員，若能從本書的篇章之中得到一些領悟，想必可為自身創造很大的價值。

台灣人的熱情與謙虛，是服務業的絕佳特質，但要如何進一步提升「台式服務」的極大價值？細看本書即能領悟，如果大家好好詳讀《服務革命》，必能共創台灣服務業的未來價值與力量，我誠心推薦。

推薦序

用服務改變世界

《天下雜誌》副總主筆兼服務組召集人　王一芝

入行超過二十年，採訪過的服務業者難以計數，Austin 應該是唯一一個我首次採訪，當下就決定邀請他擔任神秘客調查顧問的受訪者。

我在前東家創立的神秘客調查，主要仿效米其林神秘客突擊檢查的做法，只不過稽核的不是美食，而是第一線人員的服務品質。

調查的另一個特色是，打破各行業的論輩排名，不在乎先來後到、規模大小，只要第一線人員對客人的服務好，即使市場後進者，也有機會脫穎而出。

就因為得和我們並肩扛起服務業各業態龍頭和輿論可能施加的強大

壓力，調查顧問的服務能力必須被信服，也要適時導正調查團隊的疏漏，更不諱言針砭各家業者服務的好壞得失。

在 **Austin** 之前，神秘客調查多年來只有台灣服務業共同大老師蘇國垚一位顧問。找上 **Austin** 的原因很簡單。首先，他本來就是神秘客。他領軍的美國運通黑卡會員客服團隊，都是服務金字塔頂端一%的有錢人，他也因此經常受邀到國外星級奢華飯店、高檔餐廳或航空公司擔任神秘客，從頂級客角度提供改善建議。

再來，黑卡會員客服團隊的服務難度非常高，不只是服務高端客人的難，更甚者是見不到面的難。

身為電話客服，他們無法從客人的眼神、肢體語言或臉部表情，判斷客人當下情緒，有時候還會遇到客人電話講到一半，突然靜默下來，或得在極短時間內傳達重點。客服人員要是不慎誤解客人的意思，影響的不只是與客人之間的信任感，還可能對公司品牌造成極大傷害。

偏偏這些有錢客人開出的需求又極其千奇百怪。比如說，風水師指定他要在十二月三十一日，入住東京迪士尼三〇七號房開運；或者想買下電影《與狼共舞》男主角騎的那匹馬；抑或是在不打擾搬到溫哥華前妻的情況下，打聽他們共同飼養的狗是否安然無恙等等，都是不可能的任務。

神奇的是，**Austin** 團隊居然都能使命必達。他們每個人都像星級飯店裡別著徽章、無所不能的「金鑰匙」，而帶出這串金鑰匙的 **Austin**，厲害程度可想而知。還有，**Austin** 也是服務業裡極少數能靠服務賺錢的大內高手。

幾乎所有服務書都寫過，服務是一種長期投資，業績不一定能馬上跟著成長，背後的意思是，光靠服務很難賺大錢。而負責安排黑卡會員在旅遊、生活、休閒上各種需求的 **Austin** 團隊，賣的真的就只有服務，**Austin** 給自己的使命是，把客服變成創造營收的關鍵。

十多年來，Austin 的團隊編制從最初的十多人，不斷擴增到一、兩百人，現在想接受 Austin 團隊的服務，必須先收到邀請，繳交十六萬入會費，每年再支付十六萬年費，還不能折抵消費。Austin 團隊能不能以服務替美國運通賺錢？答案已昭然若揭。

更重要的是，Austin 跟我一樣，都是堅信「服務能改變世界」的忠實信徒。

起初，我只會在每年調查發布前諮詢吳顧問，後來只要我有服務的疑難雜症，都會二話不說立刻打給他。無論當時他人在中國、泰國還是日本，也不管有多忙，Austin 都會耐著性子為我解答。除了解析調查、分享最新觀察，Austin 當然免不了跟我闡述他獨創的服務理念。也許是志趣相投，每次都講到欲罷不能，秘書來趕人。

我不是 Austin 的團隊成員，但在他長期催眠下，那些 Austin 式的服務箴言，我幾乎都能朗朗上口，直到現在，還常不自覺拿來用。

採訪服務業 CEO，我會提醒他們「服務是一條單行道，只能前進，無法後退」或「服務是動詞，不是名詞」；碰到第一線服務人員抱怨奧客，我總是勉勵他們「縱使客戶虐我千萬遍，我仍待他如初戀」，或努力享受服務客人與歌手齊秦所唱〈痛與快樂並存〉那首歌的相同意境。當然，每次受邀演講的最後，我更不忘與聽眾分享服務二寶：「一塊錢、立可白和橡皮筋」，這些都是從 Austin 那偷學來的金言玉律。

現在我不做神秘客調查了，Austin 仍是我人生的導師。記得疫情第二年，旅遊業還在苦撐，我在新東家也遭逢重大挫折，Austin 拿他勉勵團隊的話開示我，「最困難的不是你現在面對的挫折，而是當你面對挫折時，還能不失去原有的熱情」，聽完我竟豁然開朗，掃去連日陰霾。

他所說的「熱情」，不就是我對新聞、還有我們對服務，始終如一的熱情嗎？

獲知 Austin 終於要將他的畢生絕學，也就是過去只存在我們和他團隊腦袋裡的寶藏寫成書，這真是廣大服務業的福氣。

如果說我有一半的服務功力由蘇老師傳授，那麼，另外一半的加持者，非 **Austin** 莫屬。大恩不言謝，僅以人生第一篇推薦序回報之。

自序

高價人力時代的三贏之道

日前與一位室內設計師好友聊天，談到各行各業的缺工問題，他感嘆：「就連我自家要裝修都找不到工人，工班的老闆自己跳下來幫我做，他說手下師傅的工期都滿到三個月以後，就算客戶願意出高價也排不出人手。」

疫情過後，世界各地都面臨產業人力供需的嚴重失衡，且商業模式也產生巨大變化，缺工問題對民眾帶來的影響正衝擊生活的各種層面，特別是人力成本便宜的國家，受到的衝擊會更大。台灣服務業長期以來的發展，很大部分建立在廉價的人力成本上，消費者也習慣廉價人力帶來的生活便利，從隨叫隨到的外送到無處不在的便利商店，生活上的大小事只要花點小錢，都可以請到人來幫你處理，但這樣的狀況可能一去不復返。

我們可以看到在人力成本高的國家很重視「動手能力」，家裡有什麼東西壞了，第一個想到的是能不能自己動手解決，因為專業工人的費用非常高昂；到餐廳吃飯要付外加的服務費，因為好的服務是有價而不是免費附加的。隨著社會富裕程度的增長，台灣將不可避免走向高價人力的時代。

成本結構的變化將造成商業模式的徹底轉變，過去台灣的服務業服膺「CP值為王」，推出看似物超所值的商品讓消費者買單，你推龍蝦吃到飽，我就來個海膽吃到飽、和牛吃到飽，但當人力成本不再廉價，新世代的服務業從業人員不甘再被壓榨，CP值的路就走不通了，成本墊高後企業越來越難賺到錢，消費者也不再輕易當韭菜。

這是我在此時撰寫《服務革命》一書的緣由，我這輩子都在服務業工作，見證台灣服務業多次的景氣榮枯與變革，這次的疫情有如一針威力強大的催化劑，把過去十數年的問題一次爆發，缺工問題只是浮出水面的現象，底層的冰山是我們不得不面對的問題：年輕人為何不想從事服務業？新的商業模式在哪裡？

在這本書中，我把二三十年來致力打造的「有溫度的顧問式服務」做一次總結，服務業的從業人員不再是一個口令一個動作的僕人，而是能想在客戶之前的顧問，一旦心態改變，就能將商業模式從低價競爭的CP值至上，轉型成為賺到錢又讓顧客離不開你的VP值，達到企業獲利、客戶滿意、員工有成就感的三贏局面。

01 為服務創造新價值

02 頂尖服務的心法：無框架的感動體驗

03 打造高熱情、低流動率的團隊

04 變局下，從心致勝之道

前言

讓你的服務有溫度

提起「美國運通」，大多數人的印象是一張代表身分地位的信用卡、提供旅行支票的金融公司，甚或是提供會員服務的旅行社，但其實，美國運通的營業核心不只這些。

在一百七十多年前成立的美國運通，最早是以貨運起家，負責幫客戶把貨物從甲地安全送達乙地。漸漸的，越來越多客戶有出遠門的需求，不論是為了商務或旅行，當時帶太多現金在身上有其危險性，於是美國運通發行了全世界第一張旅行支票；而後客戶在旅程中產生交通、住宿、餐飲等需求，希望也能提供相關服務，於是美國運通又順勢成立了旅行社；最後，才發展成金融服務公司並發行簽帳卡。

回顧這一段歷史是想告訴大家，美國運通並不是靠「賣信用卡」做為主要核心業務，從一開始，美國運通賣的就是「服務」。滿足客戶需求的服務精神，形塑了美國運通的企業文化，也是企業在各階段轉型擴展其他業務的關鍵。我在美國運通至今三十六年，自然也經歷過好幾個不同階段和挑戰，但樂在服務的信念從未改變。

二〇一八年我被派往日本，帶領當地的白金卡與黑卡團隊，很多人大感驚訝，印象中日本的服務做得比台灣好，怎麼會找一個台灣人去管理？

日本的服務文化，我稱之為「儀式化」，就像日本人常說的一期一會，把每一次的相聚當成是最後一次，一定把最好的一面呈現出來。一般來說頂級服務是依據客戶的要求來設計流程，但日本的款待式服務剛好相反，是先把服務流程設計好，讓客人按照流程享受服務，能夠融入的客人會覺得是獨一無二，但自主性較高的客人難免會覺得這種服務不知變通。

日本雖然是服務業強國，但對來自西方的高階主管而言，日本的文化、制度與觀念，形成一種難以打破的高牆，反而台灣融合東西方的服務業精髓，更容易在日本帶來改變，我到日本一年內就達成許多從部門成立以來未曾達成過的目標，讓我更堅信台灣服務業的價值。而與日式服務相較還有兩種極端：

其一是歐美式的服務。服務人員穿著得體的西裝，領口別上金鑰匙，看起來嚴肅而經驗豐富，他可能不讓人覺得友善、熱情，有一些距離感，但你可以感受到專業，並進一步產生敬意。

其二是東南亞式服務，如泰國、印尼等國家，服務人員講話的聲音很軟，聽起來很舒服，不論客人說什麼他們幾乎都會遵從，讓客人產生尊寵感，覺得非常享受，稱之為「僕人式的服務」。

台灣的服務風格跟其他國家都不一樣，這點可以從台灣人日常生活中的小細節就看得出來，通常台灣人對陌生人比較冷漠，我們不太會跟陌生人聊天，但我們很會跟自己的朋友聊天，所以台灣人做生意是先交朋友再談生意，不像老外是生意先談完，之後再把酒言歡交朋友。

文化不一樣，所衍生出來的服務也不同。每一個國家都有它特殊的服務文化，台灣固有的好客、熱情及人情味延伸出的台式服務，有些人可能會覺得是俗擱有力，但帶有人情味及溫度的服務正是我們跟別國不一樣的地方，既不是僕人，也不會有太大的距離感，在提供專業的意見諮詢之外，也能給予體貼入微的服務。

這就是屬於台灣「有溫度的顧問式服務」，我們從了解客戶開始，與客戶建立良好的互動關係，提供專業的建議，不僅只有聽從客戶的指令，而是多做一步，給客戶出乎意料的感動服務——這也是美國運通能在台灣的高端信用卡市場屹立不搖的核心。

客戶因為「價格便宜」而買單，與因為「對服務感動」而買單，兩者會導向完全不同的經營方向，過去台灣的服務業太過強調ＣＰ值（Cost Performance Ratio），而忽略掉ＶＰ值（Value Performance Ratio），許多企業陷入在高成本與低利潤之間苦苦掙扎的地獄，無力也無法提供令客戶感動的服務，遑論讓自己的服務產生更大價值。

這本書是我將三十六年來貫徹「顧問式服務」的心得集結，其中許多心法不只可用於高消費服務業，其他像是咖啡店、餐廳等小規模的服務業也能適用，當整體服務業升級到更重視價值而非只著眼於成本，「台灣最美的風景就是人」這句話，才會是所有服務業從業人員的驕傲。

1

為服務創造新價值

只要是地球上合法的事，
你說了，我們就盡力幫你做到。

從不到十人編制的小部門出發，搶下大企業的旅遊專案，
再到引領台灣頂級信用卡市場，
美國運通將服務人力的品質當成關鍵投資，
選擇的是一條困難、但回報長遠的路，
透過「顧問式服務」打造出令企業獲利的利器，
以「物有所值」與「鐵粉經濟學」的商業模式，
擺脫薄利陷阱，締造高附加價值。

從領隊到帶領跨國團隊副總裁

我在大學主修觀光科系，畢業後沒想太多，退伍後就到旅行社工作。剛開始，我進到一家規模較小的旅行社，上班沒幾個月老闆派我去夏威夷，負責接待台灣的客人，當年的旅遊業沒什麼嚴謹的職前訓練，我一個人在夏威夷開車到處逛，自己找景點、挑路線，兩個禮拜後客人來了，我就硬著頭皮當起導遊。我在夏威夷一共待了半年，才被老闆叫回台灣。

當時正好有一位在美國運通工作的學長告訴我，他們有開出約聘業務的職缺，問我有沒有興趣試試看。早年美國運通的業務重心不在個人旅遊，而是放在商務差旅市場，尤其是以美僑與外商為主要對象。台灣在一九七九年開放出國觀光，八〇年代後整體經濟起飛，美國運通才開始進軍一般商務旅遊市場，我就是在這個階段進入美國運通服務。

從貨運鏢局到金融服務

在談台灣美國運通之前，先簡述美國運通成立至今的特色轉變。一八五〇年，美國運通在紐約州水牛城成立，最早是由三間不同的快遞公司合併組成，以貨運業務起家，而且不只運送貴重財物，也護送客戶本人翻山越嶺抵達目的地。

在一百多年前的美國，特別是內戰時期，情勢紛亂、治安不佳，客戶必須找值得信賴、能夠保證沿途安全的團隊協助運貨、運人，美國運通在這個環節扮演很重要的角色，確保客人的交通食宿能有妥善安排，也讓貨物能完好無缺的送達，這即是美國運通最早的重點業務。

一八九一年，美國運通發行了第一張旅行支票，也是世界上最早建立龐大旅行支票系統的企業，讓客戶可以使用安全簡便的記名旅行支票，在世界各地的銀行兌換成當地貨幣。

這種商業模式就有如古代錢莊，用比較好理解的比喻方式來說，美國運通最早年的業務，就是做鏢局加上錢莊的工作，在客戶出遠門時提供安全便利的服務。

後來，美國運通在一九一五年再設立旅行部門（Travel Division），將各種能讓旅行更加輕鬆的服務結合在一起，不久後更成立集團內第一間旅行社，專門為客戶安排交通旅遊，到後來才慢慢發展成金融服務公司，並發行信用卡與簽帳卡。

把外商的獎勵旅遊帶進台灣企業

美國運通在台灣設立的旅遊部門，初期主要是承接企業客戶的商務差旅，為了就近服務客戶，我們在新竹科學園區內的台積電、聯電等企業派駐人員，直接為客戶提供服務。除了本地企業，也有許多外商客戶，像是飛利浦、德州儀器、福特汽車等，這些大型外商將「獎勵旅遊」的概念帶進台灣，每一年都會犒賞表現優秀的員工，招待出國旅遊。

我在一九八五年入職，當時在旅行部門當業務兼領隊，負責銷售及帶團出國旅遊。說是帶團，一開始的工作更像是業務員，每天早上開完晨會就去「掃」辦公大樓，到各大公司行號發DM。當時認識美國運通這家公司的人還不多，很多大公司也不准業務人員入內，我們除了要想盡辦法找管道接洽，還要跟每一位承辦人員說明解釋，為什麼一家發旅行支票的公司會做旅行社的業務。

當時美國運通的獎勵旅遊部門僅是不到十人的小型單位，其中一位員工還是外國人，專門負責台灣的外僑市場，但是除了他之外的新進領隊，很快就陸續「陣亡」，最後甚至剩下不到五個人！

當年恰逢台灣股市大漲，日盛證券規劃招待旗下一千多名證券營業員出國旅遊，我也算初生之犢不畏虎，用美國運通的名義去競標，最後也拿下日盛證券的獎勵旅遊專案。

我得到標案後很多同業都很震驚，沒想到被一個年輕小夥子搶下大單，甚至還有人跑去找日盛證券的高層說：「你們確定要把這麼大的案子交給這種只有幾個人團隊的小單位負責？」

雖然一千多人的旅行團規模看似很龐大，但當時我將相關工作按環節拆分，發包給各家旅行社，自己等於做統包工頭的角色，但嚴格檢視每個環節是否符合標準，最後不但順利完成任務，後來與日盛證券的旅遊承包合作也持續了很多年。

就這樣，當我在美國運通旅行部門工作了三、四年，有次老外老闆看著報表問，為什麼一位約聘員工為公司帶來的業績，可以比正式員工高出那麼多？於是她排除眾議、大筆一揮，把我轉為正職，我在美國運通的工作也算是正式穩定下來。

許多台灣企業早年的經營思維是成本導向，第一優先是抓緊成本，即使想用招待出國旅行來獎勵表現好、業績高的員工，但企業主為了省錢，獎勵旅行團都用招標方式找承辦旅行社，價低者得標，反應在旅遊品質上，結果就是吃不好、住不好，四處拉車走馬看花，反而變成又累人又無趣的「懲罰感旅遊」。

反倒是外商的獎勵旅遊制度行之有年，也比較有意願花錢投資在這一塊，我早年的外商客戶，像是IBM、福特汽車，他們派駐在台灣的外籍主管，多半能接受天馬行空、有別於傳統的行程規劃。三十年前我們就帶著客戶去南非搭熱氣球、玩狩獵旅行，到中南美洲看亞馬遜叢林。一般旅行團進入亞馬遜河雨林都是採取搭船路線，我們卻包了兩架飛機飛進去，從高空看「地球之肺」的遼闊，讓參與者留下一輩子的驚艷回憶。

學習什麼叫高水準服務

當台灣的多數旅行團還在以十六天玩歐洲多國、走馬看花點到為止的年代，我們就開始為客戶量身規劃深度特色旅遊，例如在維也納，我們安排當地的兒童合唱團為客戶獻唱，甚至在出發三個月前就先把台灣民謠〈望春風〉、〈雨夜花〉的樂譜寄到歐洲請他們練習，客人在旅途中聽到如此天籟，在驚訝之餘自然也深受感動。

這種特色行程在現在高端獎勵旅遊市場看似稀鬆平常，然而在台灣剛富起來的年代，執行上還是碰到許多難題。例如有許多客人從沒住過頂級飯店，到了奧地利的維也納，下榻由古蹟改建成的飯店，雖然歷史悠久、非常有特色，但客人抱怨大廳陰陰暗暗，當場發飆想要換旅館；也有客人在法國巴黎的麗都夜總會用餐看表演，卻要餐廳提供熱水吃泡麵，作爲領隊也只能隨機應變。

我們要對飯店人員解釋，古蹟畢竟難以兼顧無障礙空間設計，客人擔心光線不足會摔倒，或餐廳供應的料理可能有客人的禁忌食物，才會不得已以泡麵充饑等等，總之盡可能在讓雙方都有台階下的情況下滿足客人需求。

當時我不過是三十出頭的年輕小夥子，出國的經驗不多，見過的世面也少，在沒有網路的年代，每一回帶團都得自己想辦法找資料，也因此早年帶團時還曾經鬧過笑話，客戶要求安排吃米其林三星餐廳，我還心想：「三顆星？為什麼不直接吃五顆星的呢？」

也幸虧在我年輕時碰到不少樂意分享的老外客戶，他們常跟我分享生活品味的相關資訊，像是如何點菜、餐酒搭配這些我在學校學不到的細節，都是從工作中學來的寶貴知識。

全球頂尖的麗思．卡爾頓飯店集團，有一句很有名的信條：「**我們以紳士與淑女來為紳士淑女們服務。**」（**We are ladies and gentlemen serving ladies and gentlemen.**）我在旅行部門帶團十年，走遍六十幾個國家，這些老外客戶讓我學到什麼是高標準的服務。

八人團隊

拿下頂級信用卡市場

一九九九年美國運通在台灣正式發行白金簽帳卡，公司要我轉任白金卡服務部經理，接下建立白金旅遊秘書暨生活顧問團隊的任務，在這之前，我沒有任何與信用卡相關的工作經驗，並不覺得自己能勝任這項工作，雖然公司高層三番兩次催我決定，但我相當猶豫，一直無法勇敢應承。

直到我的業師跟我說：「你就當作新的學習機會嘛，去試試看，可能成功，也可能失敗。如果失敗，了不起兩年後再回去旅遊部帶團，應該也不會脫節太多。」

他一語驚醒夢中人——是啊，說不定踏入新的工作領域，我可以有一番新的作為！

旅遊暨生活顧問（我們常被坊間稱為白金秘書顧問）團隊剛成立的時候，不到十個人，但我們做到了在台灣信用卡業界第一個喊出：「**只要是地球上合法的事，我們都盡力幫您做到！**」如今，美國運通白金卡成功在台灣頂級信用卡市場樹立標竿，當初的小小部門，也已經擴展到一百多人的團隊。

二〇一〇年，我們領先業界，推出更高等級的百夫長卡（**Centurion Card**，俗稱黑卡），成立黑卡服務團隊，看起來順理成章，但其實要面對的挑戰比白金卡更高、更難。黑卡採取邀請制，由美國運通主動發出邀請函給會員，相較於白金卡的年費三萬八千元，黑卡會員第一年需繳十六萬入會費，再加上十六萬年費，等於是三十二萬，這麼高的年費，該如何讓會員願意花大錢申請？

把人力當寶貴資本

記得黑卡剛發行時，有位上市公司老闆找我，說我應該發一張卡給他。我說：「沒問題，只要繳入會費與年費就發卡給您。」那位老闆回說：「對你們來說，我的名字就是廣告效應，一年可能會用你們的卡刷個幾億，我還要付你錢？」我回答：「很抱歉，這是公司的原則，大家都一樣。」

黑卡會員大多來自原本的白金卡會員，他們是同一群人，但是年費從三萬八千變成十六萬，有許多會員的心態就像上述那位上市公司老闆一樣，這群最挑剔的顧客會拿著放大鏡看兩者所提供的服務有什麼不同，審視這之中的服務差異是否值得他付出四倍以上的年費。

所以表面上美國運通黑卡在台灣市場沒有具可比性的競爭對手，看起來生意並不難做，但細想之下卻並非如此，如何在已經具備極高標準的服務水平上，挑戰自己、不斷超越，讓客戶相信你的價值，這才是服務業含金量之所在。

曾經有家台灣的金控公司老闆問我，如果預算無上限，要打造一個像美國運通一樣等級的服務部門，需要花多長的時間？我思考了一下，認真回答他說：「要五年。」他非常驚訝，因為他以為只要錢投下去、把人力找來，頂多第二年就可以建立起來了。但他忘了，最關鍵的差異是，硬體固然只需要投入資金，容易模仿，但軟體的建立、團隊人員的 mindset 培育卻不是一朝一夕。

我想這也是許多人對於服務的迷思，一般銀行把服務人力當作「成本」，景氣不好第一個砍的就是服務人員，人員來來去去，自然也談不上品質提升與素質培養；但美國運通不同之處，**是把服務的人力當作「資產」**，即便經歷金融海嘯也不輕易裁員，因為我們就是靠優質的服務人員來賺錢。

台灣有獨樹一幟的文化、普遍高水準的服務人員，我們的台式服務並不遜色於其他國家，唯一可惜的是受限於淺碟型市場快進快出的特性，但是要將「服務」打造成企業獲利的利器、抵禦競爭的護城河，並非朝夕之功，相信我在這本書中所提出的觀念與做法，可以提供給服務業從業人員參考，期待大家一起讓服務價值更大化。

簽帳卡 VS. 信用卡

信用卡有很多種類，簽帳卡和信用卡的功能不太一樣，另外還有一種與存款帳戶連動的 Debit Card。

我想大家對信用卡的使用通則都很熟悉，你在這個月刷了一些費用，下個月要繳付卡費時若因為財務考量，不想將所有金額還清，只還部分金額，銀行就會收取利息。但簽帳卡不一樣，例如美國運通推廣的簽帳卡，則是你這個月所消費的總額，下個月必須全部結清。也就是說美國運通在一開始的時候，選定的目標客戶群就很清楚，對這些客戶的財務、付款狀況有一定程度的了解。

十多年前，台灣曾發生過很嚴重的信用卡危機，很多使用者過度膨脹自己的信用，變成「以卡養卡」，造成發卡銀行產生龐大的呆帳。美國運通選擇在一開始就走正確的路，發行簽帳卡時，瞄準的是那些對自己的財務規劃，甚至對自己的信用要求更為嚴格的人。

常有使用者認為「簽帳卡沒有刷卡上限」，其實這個說法並不盡然正確，更精準的說，簽帳卡是「**沒有預設上限額度**」，例如美國運通會根據不同客戶平常的生活消費習慣，去設計未來一年的刷卡額度。

舉個例子，假如平常用卡的習慣是每個月大概刷三、四萬，但下個月要盛大慶祝結婚周年紀念，突然間可能要花費好幾十萬，或者是你要帶整個家族出國旅遊，預估可能要花費上百萬，因為金額和用戶日常刷卡的消費習慣不同，為了用卡安全，我們會建議客人事先找銀行或信用卡公司做個照會，把你的刷卡額度提高，以免臨時要用卡刷大筆金額時造成不便。

而前述提到的 Debit Card，則是當你今日刷了多少費用，就會直接從連動的銀行帳戶扣除這些金額。近幾年又興起各種電子支付和行動支付，例如 Apple Pay、iPay、LINE Pay、台灣 Pay 等各種 Pay，支付工具變得更多元化。

不是錢砸下去
就有好服務

在台灣的金融業界，美國運通是第一家成立白金秘書團隊、為頂級會員推出二十四小時專人管家服務，專責會員在食衣住行各方面的需求。在之前從來沒有人做過，沒有前例可以依循，客人的需求五花八門，條列再多，服務項目也難保掛一漏萬，這也是前文提到的我會大膽首創「只要是地球上合法的事，你說了，我們盡力做到」這個口號的原因之一。

因為這句口號，我們創造了許多被媒體不斷報導的服務故事，其中最為人所知的例子，就是買馬的故事。曾經有一位住在台灣的日本會員，告訴我們想要購買電影《與狼共舞》中男主角凱文科斯納所騎的馬。我們經過一番周折找到這匹馬，雖然馬場開出高價，而且除了驚人運費，最棘手的是必須經過複雜的檢疫程序，但最終還是讓會員如願以償，買到這匹名駒。

媒體總喜歡撰寫獵奇題材，這類報導一多，難免讓大眾認為美國運通所提供的服務只是滿足有錢人光怪陸離的需求、花大錢為他們解決各種問題，但事實上在我們日常的服務中，大多數並不是靠錢就能解決，要為會員解決問題，還是得仰賴服務人才的養成和團隊文化的默契。

撐過金融風暴的考驗

美國運通白金卡攻占台灣的頂級客層之後，各大銀行也紛紛跟進推出白金信用卡，並對外提出與我們類似的服務，但一般的信用卡公司並不會特別培養專業服務團隊，多半選擇將服務的業務外包給廠商。然而到了金融風暴時期，許多銀行為了節省成本，乾脆直接把白金秘書的服務砍掉或將內容打折扣。

台灣美國運通也跟著大環境經歷過多次的金融危機，但我們堅持維持服務的內容與品質，自己建構服務團隊，碰到大環境不佳時也不裁員，如今其他競爭對手想要再推出一樣的服務，跟我們已不在同一條起跑線。

為什麼優質的服務人力如此重要？

最直接的一點：當客人的問題不是花錢就能解決的時候，服務人力的價值就會馬上展現出來。

有一位會員聘請印傭照顧母親，但那位第一次離鄉背井的印傭水土不服、不太能適應台灣的生活，半年後罹患了憂鬱症，雖然請人力仲介找翻譯開導、提供印尼本土雜誌緩解她的思鄉情緒，卻都沒有成效，而會員的母親非常喜歡這位幫傭，也習慣了她的日常協助，左思右想不知該如何處理，最後來問我們有沒有辦法幫忙。於是我們的服務團隊經過多次內部會議討論後，替會員找到適合的心理諮商師為這位印傭做諮商，這才治好了她的思鄉憂鬱症，根本性的協助會員解決問題。

上述的案例重點不在於要花多少錢找心理諮商，而是凸顯建構「**為顧客提出解決方案**」的團隊的重要性。

首先，一般信用卡公司若是碰到顧客提出這樣的求助，大多會認為「這種問題不在我們的服務範圍」，或「這是存心刁難的奧客吧」，但我們的團隊不會先否定對方，而是把顧客的問題視為挑戰，有如會員的顧問般提出解決方案，在這個案例中，真正值錢的服務不是幫會員找醫師，而是能確切幫上忙的**「顧問式服務」**。

台灣的企業經營思維多是將本求利，但若是從長期投報的角度來看，「本」反而可以為企業建立強大的護城河，只要過了一定的門檻，「利」是源源而來。在二十多年前剛發行白金卡時，其他銀行的白金卡都是免年費，但我們的年費是二萬八千元；其他銀行都主打辦卡送贈品，但我們沒有。這代表客戶辦一張美國運通卡，認同的不是贈品，而是服務的價值。

要當顧問，而非僕役

多年來我常應邀到各企業或校園演講，曾有很多服務業的從業人員問我，他們如何在各自的行業做到「有價值的服務」？我往往會建議：請從「告別僕人式服務、迎接顧問式服務」開始。

許多人認為在消費意識抬頭、服務業競爭激烈的時代，客人想要的是「使命必達」、「絕不對客人說不」，也因此多數的從業人員在面對顧客時都保持低姿態，只是被動的接收客人指令並加以執行，這就是所謂的「僕人式服務」。

但僕人式服務有一個缺點：你所提供的服務都是客人所想得到的，

也因此被動的服務很難感動人。

星巴克創辦人舒茲（Howard Schultz）曾經說：「顧客已經為你昨天的成就鼓掌，如果今天的你還是提供昨天的水準，客人還會為你鼓掌嗎？」答案是不會的，因為顧客的期望值被拉高了，少了預期外的驚喜，也因此僕人式的服務很難期待得到掌聲。

顧問式服務的思維不同，不光是執行、滿足顧客的指令，還要能給予合適的建議。尤其在高端消費市場，面對頂級顧客言聽計從，反而並非上策，主動聯絡客人、關心客人，不只完成交付的指示，還要想得比客戶多，才能創造附加價值，讓客戶有感。

例如會員請我們的同事訂某家飯店，顧問式的回覆是：「我覺得這間比較適合您商務差旅用，但如果是去度假，建議您可以訂另一家飯店，其他會員住過評價也不錯。」

試想如果我們只是被動的執行訂房服務，旅遊體驗好或不好都是顧客自己的決定，服務產生的價值自然不會太高。

提供顧問式服務的關鍵在於：「**能想在顧客之前！**」只要做到這點，我們的服務就可以跟其他同業產生差異。而且服務並不是只有前端的訂房，等到會員度假回來，要傳達一個歡迎回家的問候，關心並確認對方在國外的實際體驗，也是一種自我查核機制，不但可做為日後提供給其他客戶的參考，也增加整體服務體驗的人情味。

沉浸式的教育訓練更有效

這麼說來，顧問式服務有很多好處，既能產生服務的差異性，又有助於建立顧客忠誠度，但為何真正投入的企業不多？這是因為要做到顧問式服務並不容易，最大的關鍵在於從業人員的培養需要時間和專業，不只是建立服務流程的制度與做法，還必須要讓員工擁有能提供顧客建議的知識跟經驗，這一點對多數企業來說，是一種耗時費力、長時間才能看到成效的策略。

相信大多數的企業和美國運通一樣，都會鼓勵員工自我提升，但我們的做法較不相同。例如多數企業會聘請顧問或開設課程讓員工進修，而美國運通則是盡可能讓員工有「沉浸式」的學習機會，特別是作為高端服務提供者，更需要出國去體驗「什麼叫做好服務」。

我們的員工可以自行向美國運通白金卡或黑卡的「精選飯店」提出申請，通常飯店方為了推廣，都願意提供兩晚的住宿，並在入住期間安排半天時間，讓我們的員工參觀飯店，以及跟業務部門會談，透過這類「體驗式進修」，日後在顧問們向會員介紹飯店選擇時，便能提供更細緻適切的建議。

由於美國運通的業務優勢，我們的同事可以申請體驗世界各地的國際級頂尖飯店，例如安縵集團、半島飯店、文華東方等等。從傳統企業的角度看來，好像是讓員工去度假，但我們認為唯有親自體驗過，才能讓員工感受到什麼是好的服務，當管理階層要求服務品質要向頂尖的同業看齊，員工才知道標準是什麼、可以做到多細膩。

另一方面，對員工來說，也就不會覺得這種進修是在「工作」。我們有很多同事規劃去東京五天四夜旅遊，他們會事先申請兩家不同的飯店，各住兩晚，回來再跟其他同事分享對於飯店的體驗心得與觀察，長期下來已經變成一種內部學習。

透過這樣的良性循環，整個部門的水準都會被帶起來，自然能夠體會客戶想在這些飯店裡體驗哪些服務，也才有辦法換位思考與客人溝通，進一步達成顧問式服務的目標。

也許很多中小企業主看到這裡會質疑：「可以這樣做，那是因為你們是美國運通啊，我們小公司，員工訓練的資源有限，怎麼可能讓員工體驗到這些高檔服務？」其實，各行各業都有自己潛在的資源可以去發掘，**只在於能不能轉念把「閒置資源」變成「教育訓練的機會」**。

舉例來說，餐飲界很流行名廚聯名合作活動，某一位名廚受邀到另一位名廚的餐廳去擔任客座主廚，表面上是跨界或跨店辦活動，透過新鮮組合創造社群媒體的話題，但實際上，不同餐廳的廚師及員工透過活動協作交流，了解到其他同業的優勢，回頭應用在自己的工作上，無形中就是一種很好的人才教育訓練。

我曾經在某場旅遊業主辦的會議中提到，台灣不同地區及不同特色的飯店或旅宿，彼此間的淡旺季仍有差異化，像是南部墾丁海灘區域度假飯店的旺季是夏天，北部溫泉旅館的旺季是冬天，同業之間的人力可以在淡旺季互相支援交流，夏天時溫泉飯店人力需求少，可以讓員工自願性的去南部飯店交流工作，冬天則倒過來，如此一來既能解決特定季節人力短缺或過剩的問題，也能見識對方可取的長處。再者，短期異地工作，對年輕員工而言也更有新鮮感、可學習不同企業文化，這也是一種運用資源、深化教育訓練的策略。

從CP值到VP值

二〇一四年，我被派到上海，建立中國境內首支Centurion黑卡服務團隊，一開始招募人員時相當辛苦，多數人不認識美國運通這個品牌，常被誤認是詐騙集團，有時候從台北視訊應徵員工，還有人認為美國運通是一家快遞公司。

初到當地，我發現整個服務業都在講CP值，大陸人用這個詞比台灣來得更早，也變成當地服務業的一種鐵律——沒有CP值，就沒辦法存活。

後來我受邀去演講，跟當地的同業交流，我認為應該要揚棄CP值、擁抱VP值，這些服務業高管不但沒覺得被冒犯，反而深有同感的跟我說，聽過這麼多場演講，總算有人提出新的商業模式。

CP值就是 **Cost Performance Ratio**，在大陸翻譯成「性價比」，意指你對業者提供的產品或服務，你心中評判它有多少價值。我常常聽到消費者說：「這間餐廳的CP值很高，龍蝦海鮮吃到飽、吃到吐，物超所值。」大家覺得太划算了，客人絡繹不絕。但如果從業者的角度來看，光是這樣就夠了嗎？如果大家清一色只重視CP值，服務業永遠只能賺到售價扣掉成本的微薄利潤，即便龍蝦吃到飽，消費者吃久了，習以為常也不會感激你，這樣的商業模式很難產生高附加價值。

物有所值，讓消費者認定品牌

什麼是VP值？就是 **Value Performance Ratio**，有句成語可以很精確的形容，叫做「**物有所值**」，消費者購買產品時，業者的定價是否超過在他心中期待的價值，這就是所謂的VP值。

就像去買奢侈品牌的人並不會嫌貴，因為品牌的價格早就設定在一個標準上，即便精品所使用的材料與平價品牌的成本，並沒有定價上相差的這麼大，但消費者還是願意花更多的錢，換來自己的心滿意足。不論是基於製作精緻、品牌認同，甚或是為了購買後的虛榮而買單，都代表消費者心中認定的價值。

餐飲業是服務業的大宗，龍蝦吃到飽是用食材成本來定價，但厲害的餐廳則是以廚師的廚藝、餐廳的服務與體驗來定價。不少米其林星級餐廳強調使用當地食材，定價卻比龍蝦吃到飽貴好幾倍，這是因為主廚將創意入菜，客人用餐時會看到主廚從廚房走出來，跟客人互動討論創作故事；有些餐廳還會將當天的菜單以各種特殊設計印刷送給客人留念，這樣的餐廳就不會秤斤論兩的賣龍蝦或鮪魚肚，亦能展現出他們的高VP值。

我不太愛去吃「吃到飽」餐廳，因為我認為CP值一旦比過頭，客人只忙著討論吃自助餐最撈本、最賺回票價的吃法，這其實是一種食物的浪費；而如果整個業界都只做「吃到飽」，將很難提升整體餐飲業的價值。在台灣，許多五星級飯店的吃到飽自助餐廳是「標配」，因為這對於規模化、連鎖化的業者來說最簡單，也無須花錢花時間培養大廚，只要流水線設定好，有基本能力就可以投入。但我始終認為，理論上頂級飯店可以更有能力去引領餐飲升級，如果完全放棄實在相當可惜。

ＶＰ值正是美國運通成立一百七十多年來一直堅守的核心價值，我從不擔心客人抱怨透過美國運通買機票、買旅遊產品會太貴，我只擔心客人說我們的服務不夠好。貴，沒關係，顧客有權利選擇買或不買；但是如果被抱怨服務爛，就代表我們的服務不夠值錢，只能跟別人拚吃到飽、拚價格戰，這將完全違背了美國運通的商業邏輯。

服務是綜合體驗的藝術

從CP值到VP值，某種程度也代表一個社會從開發中到已開發的過程，當大家還在為了溫飽努力賺錢的年代，CP值必然是王道，但隨著社會富裕的時間久了，人民素質和期待也會提高，除了「有」，更要「好」。

我們可以看到先進國家從基礎教育階段，就積極培養公民的藝術涵養，歐美國家的歌劇院賣學生票特別便宜，但卻是給很好的位子。服務業是一種橫跨藝術、美食、生活體驗的綜合體，而人才的養成跟教育有很大的關係。

台灣同樣經歷過開發中國家剛賺到錢、人民由窮轉富的階段，年輕時我第一次帶團去米其林三星餐廳，侍酒師過來桌邊介紹酒，提到酒莊年份不只我聽不懂，客人也不懂；第一道菜上的是道冷湯，當場就被客人嫌棄：「哪有人喝湯喝冷的？這是什麼三星餐廳啊！」服務生上菜時先說菜，但話還沒講完，盤裡的食物就已經被吃光了，一旁的餐廳經理臉色不太好看，像是在說：大廚的藝術品被你們這樣糟蹋！

早年的客人不懂什麼是好的服務，覺得有錢就是大爺，但台灣已經從開發中國家進入到已開發國家，多數消費者即便不是富過三代，起碼也有兩代衣食無虞，我們的服務業已經有條件可以進入一些高附加價值的升級與發展。

以往只有大企業會講究品牌，但這幾年個人品牌亦漸漸受到重視，像是職人、新創家等，他們更重視以個人知名度去拉擡品牌，例如餐飲業的「主廚效應」就很明顯，江振誠帶起了他創辦的餐廳 RAW，屏東的知名餐廳 AKEME 即使開設在遙遠山區也一位難求，這都是因為個人品牌已成功塑造，他們的光環吸引消費者如流水般蜂擁而至。

從產業的角度來說這是件好事，職人尊重自己的專業，把專業做到最好，就能吸引來客，即使再遠再貴，誰會優先去考慮它的CP值？去這些餐廳的人要的是VP值、話題性，「我去吃過你沒吃過」就是最大的賣點。這些餐廳以傳統CP值來講並不「划算」，但誰會拒絕？大家只問你，能不能訂到位。

封閉市場的策略：高期待帶來高價值

前文提到，高ＶＰ值的服務可以變成企業經營的護城河，也是確保企業持續獲利的關鍵，而高ＶＰ值的高毛利，並不建立在壓低成本上，而是將服務的標準建立起來，並進一步轉換成顧客忠誠度，如此反而可以省下很多成本，例如最實際的——廣告。

與之相對的，高ＣＰ值的商業模式多建立在薄利多銷，要創造大量且重複消費的客群，廣告的投資就顯得必要。高ＶＰ值的形象建立，除了傳統廣告，更需要仰賴口耳相傳的口碑，除了高階的頂級飯店或米其林餐廳，像是連鎖咖啡的星巴克、或電動車的第一品牌特斯拉，都是從創業至今沒有在媒體大力投入過廣告的企業，但這並不妨礙它們在全球市場攻城掠地。

提到服務業，依然有很多商業媒體常聚焦在CP值的比較，我常懇請媒體不要一味從某企業多會壓低成本的角度來寫報導，表面上看起來很吸睛，卻也反映出台灣低工資的問題。若有機會不妨多從VP值切入報導，唯有如此才能令服務業的從業人員覺得很自傲、覺得自己的辛苦付出被看到，台灣的服務文化才有可能更進一步提升。

回頭談美國運通的服務，同樣的，在市面上你看不到美國運通黑卡服務部門的任何廣告，因為我們屬於封閉市場，美國運通的服務人員只跟持卡客戶對話，非卡員的消費者收不到我們的任何訊息。封閉市場跟開放市場經營的方向不一樣，你必須成為會員，才能享受好處。

在新冠肺炎疫情期間，我們開發了一些頂級國旅團，主推給黑卡會員，搶購時通常都是秒殺。由於名額有限，是由客戶關係經理一個一個打電話給會員，你的客人不要，恭喜，可以換我。

強化俱樂部式的認同感

黑卡與一般信用卡最大的差別在於，我們主動提供更多市面上沒有的服務給客人，而不是等客人提出要求，**美國運通是把會員機制當作俱樂部在經營，消費者的忠誠度才會長久**。否則即便會員為了一時的新鮮感申請入會，第二年後收到年費帳單時就會猶豫，還要繳十六萬呢！是否要繼續？如果沒有誘因，要不乾脆放棄好了。

高期待就會伴隨著高要求。有一位使用白金卡十多年的客戶，因為長期對應他的窗口人員調職，改為擔任黑卡客戶關係經理，客戶也跟著轉換成為黑卡會員。有一回客戶提出需求，我們的員工還是照以前白金卡的服務標準應對，這就讓客戶不高興了，他說：「我現在付黑卡的價錢給你，你用白金卡的服務給我，這樣不行，需要加強喔！」

當時第一線同仁的想法是，我服務這位客人十來年，大家幾乎算得上熟識了，怎麼翻臉跟翻書一樣快？但這個客訴，我不但接受，也跟同仁分享這是一個很好的警惕：客戶就是客戶，客戶不是朋友。在服務的過程當中，我把團隊找來，重新跟他們分享觀念：「我們的客戶覺得他提升了自己的水準，但我們沒有，我們還停留在原點，當然客人會不滿意，畢竟他付了更多的代價，所以你要能夠給得更多！」

有時候碰到苛刻的客人，員工難免會感覺到挫折，這時我會請同事轉念想想，這些會員是付了三萬八千元或十六萬元，才得到寶貴的機會能跟你通話、要求服務，跟一般免年費還送贈品的信用卡相比，他們的要求和期望值自然就不一般，對你要求高，絕對也是合理的。那麼，難道碰到客訴只能無限退讓嗎？當然不是，面對一個比一個高要求的客戶群，如何有智慧、盡可能圓滿的處理客訴，靠 SOP 是不夠的，這部分在後面章節我們會有更多的分享。

高ＶＰ值的服務真正值錢的地方，正是**消費者的高期待**。

我們有許多黑卡會員，家中豪宅就有非常完善專業的健身房及游泳池，很多人也持有高爾夫球俱樂部會員，未必用得上我們所提供的飯店或俱樂部設施，但是他們還是想要這張卡，為什麼？客戶想要的，還有一個關鍵是身分地位的象徵，有些人或許在台灣很有名，但是出了台灣，就少了名人光環帶來的好處或方便，這時黑卡就能讓會員在國外也得到「經過美國運通認證」所給予的高規格款待，這些都是黑卡可以提供給客人的價值，而這種價值是用ＣＰ值算不出來的。

付錢的服務反而划算

美國運通是台灣第一家設置「客戶關係經理」的信用卡公司，會員有任何大小事都可以找客戶關係經理。

客戶經理會做些什麼呢？例如，要刷大筆金額之前可以先告知我們，客戶關係經理就會幫助會員去找風險部門溝通，確保客人要刷下巨額消費的時候沒有問題。

美國運通也常會舉辦各式主題活動，邀請不同興趣的客人來參加。這些邀請並不是像發傳單一樣廣而告知、大肆推銷，而是透過客戶關係經理長期去了解客人喜歡什麼，根據客戶的興趣領域去邀請，像是喜歡美酒的會員，辦品酒會的時候就會邀請他；喜歡 fine dining 的美食老饕，我們辦精緻餐飲活動就會請他們來餐會。有選擇性的、符合需求的邀約，客人才不會覺得老是被打擾。例如在第四章也會提到，不同世代的客戶興趣不同，美國運通也必須跟進做服務策略的差異化。

讓客戶有安心感：做別人不能做的事

當消費者真正有需求的時候，會發現「付錢的服務」反而比較划算，比如說新冠疫情最嚴重的期間，因為國際交通混亂，很多人被困在國外回不來，一時間，再有錢的會員也未必能找到好辦法，這時美國運通會有一群人不分日夜的協助客戶；又或者很難訂的餐廳，我幫你訂到了，別人沒辦法做到的事我幫你做到，會員就能感受到這張卡的價值在哪裡，甚至於只要一次就夠了！

台灣人常喜歡講「撒必斯」，這是從日文サービス來的語詞，意思

是能有額外的免費服務。以前我當領隊帶團時，最期待的就是最後一天客人給的小費，最害怕客人講完一句謝謝後，就當什麼事都沒發生。因為台灣的消費者沒有付小費的習慣，所以通常會把服務費包含在團費裡，但即便如此，很多客人還是會質疑，服務本來就是免費的，為什麼我要付這個錢？

其實「不用錢的服務比較貴」，或者說，不用付費也就難有高期待，比如免年費的信用卡，沒有設置專線，客戶只能聽語音，一層一層要按鍵很多次，往往要等好久才能轉接到「真人」的客服人員，結果耗費很多時間，被不斷語音轉接搞得心浮氣躁，這種無差異服務不會分辨打進來的是誰，你永遠只能先跟機器講話。服務是要付出代價的，不管是免費得到不好的服務，或付了錢享受到好的服務，那都是代價。

「**服務有價**」，這是美國運通跟競爭對手在理念上最大不同之處，換句話說，我們把服務品質當成一種重要的投資，走了一條困難但可長遠的路。

讓服務成為企業獲利的賣點

「客戶服務」能否成為創造營收的關鍵？

很多產業是以行銷或業務為導向，服務只是後援，但我在創建白金旅遊秘書暨生活顧問團隊時卻改變這項規則，不是以行銷和業務開發先行，而是用「服務」來帶領商業模式、賺取利潤，我相信，這種思維模式不管是旅遊業、飯店業、餐飲業都可以適用。

一般業務員為了把產品推銷出去，有時候會過度承諾客戶，導致後端承接服務業務的窗口很辛苦，這個問題常造成業務單位與生產單位產生很大衝突。但換個模式，假如把「產品端」變成因為服務做得很好，讓服務成為開發生意的優勢亮點，結果就不一樣了，不但行銷起來更準確，業務員也更有信心推動銷售與成交。

同溫層效應的行銷發酵

如同前文提過的，美國運通做的是封閉市場，成為我們的會員，就能夠體驗與其他競爭者不同的服務，進而達到口碑行銷的效果。我們發現所謂的「同溫層效應」更適合用在高端市場，因為會員的朋友也會是很有消費潛力的族群，當某位會員幫我做推薦，效果比業務員說破嘴還要大得多！

試想，一般業務員很難見到大老闆，寄邀請函在秘書那一關就被擋下來了，這也是為什麼有很多業務會想盡辦法加入扶輪社、獅子會這類的組織，他希望透過組織請社友、會友幫忙引薦，建立人脈存摺，設法打入具有消費實力的圈子裡。

換一個角度來說，賣火鍋的海底撈餐廳為什麼這麼紅？它的肉品、鍋物有特別好嗎？這些硬體或材料，只要老闆願意砸錢都可以準備周全，但它推出很多軟體服務來感動客人，比如說在外面候位的時候，提供幫客人修指甲、擦皮鞋這種以前上餐廳想都沒想過的服務，落實得好，就不只是短期引爆話題的噱頭，而是能長久利用服務來推動業績。

在白金秘書服務部門成立的早期，同事常常問我是要 quality（品質）還是 quantity（數量）？是要把服務做好、還是要賺錢？我說這兩者有什麼不一樣嗎？只要服務做得好，客人就會願意來找你，自然會增加銷售額，服務品質和銷售提升是可以同時並進的。

把服務品質當作商品的道理明顯易懂，但卻不容易做到，因為真正願意投入蹲點的企業或人並不多。

淺碟市場只能賺快錢嗎？

嚴長壽先生曾經寫一本《我所嚮往的生活文明》，像教育家一樣的角度去討論多元文化的美好與價值，從家庭教育、學校教育、社會教育開始，日積月累才能看到人民生活素質和品味的提高，進而改變消費行為。像是嚴先生在台東創辦公益平台文化基金會，或現在已頗有知名度的池上秋收稻穗藝術季，都需要花費長時間默默耕耘才展現出成果。如今池上米的價格漂亮，池上藝術季變成風潮，但多數人不願先投資累積基礎，更多的人想賺快錢，這是台灣服務業始終欠缺臨門一腳的原因。

在新冠疫情期間，正可以看出台灣國內旅遊品質不穩的問題。我們的旅遊業務原本有超過九十%來自海外旅遊，疫情期間大家無法出國怎麼辦？我們還是要提供會員替代商品，於是重新開始做國民旅遊，但我們大部分同事可能對日本的了解還比對台東來得多，所以需要心態歸零、重新學習。

記得我們的同仁剛開始打電話找地方飯店談合作，有些飯店甚至不熟悉美國運通，還沒討論如何接待客人或溝通合作方式，直接就說：

「喔，你是信用卡公司吧！那你們要贊助我們多少錢？你一個月要給我多少量？」

商機隱藏在客戶潛在的需求中

台灣的國旅產品有很大部分是主打離島、花東行程，可能三天兩夜是八八八八元起，所以飯店只會問我有多少「量」，但我們後來在暑假推出三天兩夜的國內小旅行，每人的價格是五萬八千元，不但一推出就秒殺，而且客人回來後的回饋非常好，讓我們必須立即再推出第二團。超過五萬元的國旅產品和坊間八千多的行程相較，價格差異不可謂不大，然而會員不但買單還很滿意，正因為我們不是算「一個房間多少錢，幾天幾夜多少錢」，而是算顧客「可以得到什麼體驗」，客人是在買我們所提供、在國旅市場只此一家別無分號的產品。

站在會員的立場，在疫情期間凡事都受限制已經很悶了，特別需要體驗不一樣的東西。我們最受歡迎的行程，是要價六萬八千元的合歡山之旅。黑卡客服團隊找來知名的瑜伽老師，在合歡山主峰帶團員做高山瑜伽，伸展身體、沉澱心神後，世界冠軍咖啡師已沖好咖啡，客人一邊啜飲，一邊俯瞰無邊無際的遼闊雲海。高山上自然沒有高檔餐廳，客服團隊從台中請調外燴主廚上山，讓客人在滿天星斗下享用美味晚餐，同時聆聽四位室內弦樂家的合奏在山谷間迴盪。

跟我們合作的民宿主人，看到我們的價格後開玩笑說，賣給我們的房價似乎太便宜了，但其實如果沒有人來整合這些跨界資源、提供國際級的服務水準，創造不一樣的國旅體驗，民宿能賣的就是一晚的房間價格。

疫情期間我們推出最不像旅行團的產品，是找優人神鼓合作。年輕的同事覺得那些老闆級的會員因為疫情打亂事業佈局，每天光是思考如何應對就太忙太累，可想而知心情一定煩悶緊繃，應該提供一些放空、禪定的行程。於是我們規劃帶大家去烏來，在優人神鼓的道場禪坐、擊鼓，並請優人神鼓的創辦人劉若瑀跟大家聊聊天。這類企劃就是同仁從過去與會員之間的互動中，去找到潛在的需求，並且把這些元素結合在一起，同樣也很快就報名額滿。

不只異業結盟，同業也可以結盟！

在服務業先進且成熟的國家，行業的規模或許有大小、檔次之分，但頂多是因為設備簡單或位置較差，所以沒辦法賣高價，但服務品質卻較不易讓消費者動不動就踩雷，因為從業人員會認為，這些標準本來就是應該做到的；可是在台灣因為良莠不齊，難免碰到業者在網路天花亂墜過度宣傳，但基本功不夠、提供的品質不穩定，消費者踩雷的機會還是不少。

這幾年國旅市場大爆發，卻也造成很多消費糾紛，有消費者抱怨業者的服務人員素質不佳，這是因為景氣差時，業者裁撤正職員工，一旦開放旅遊，找人不易，只好趕緊找沒經驗的工讀生上陣應急。

其實像台灣這樣的淺碟市場，在經營上反而需要更多的創意來解決問題。在〈不是錢砸下去就有好服務〉這篇提過關於人力交換的做法，這正是我在觀光局座談會上提出的建議：夏天是墾丁、澎湖的飯店旺季，人力一定不夠，但到冬天就沒客人，這時候的北投、烏來、礁溪溫泉區正好要迎來他們的旺季，用米其林餐廳常舉辦的「雙主廚」、「四手聯彈」的跨店合作概念，讓彼此的正職員工交流，這些人力都是可以立刻上線不需要再訓練的老手，若能達成協議，在彼此的旅遊淡季時互相支援，雙方各付一半薪水，不但可以提升服務品質，飯店方也能在不裁員的情況下節約成本。我們常講異業結盟，其實同業也可以結盟！

美國運通在台灣成立旅遊暨生活休閒服務部，把這個單位從成本中心（cost center）變成利潤中心（revenue center），從一個花錢的單位變成要賺錢的單位，但我們有因此而影響服務品質嗎？沒有，而且相反的，只要服務越好，客人越是樂意跟你買更多產品，然後還會介紹更多客人給你，形成一種活水互惠的正向循環。

2

頂尖服務的心法：無框架的感動體驗

服務看不見，摸不著，
做得好不好，就看客人有問題時是不是先想到你。
突破 SOP，給予員工賦權，
讓第一線人員從說「yes」開始面對客戶，不自我設限。
唯有從細節追求卓越，
才能提供感動服務、創造 WOW Story，
建立牢不可破的鐵粉忠誠度。

專業經理人的七字訣

我經常受邀到大學演講，學校的教授最常問我的問題是：「何謂好的服務？」我通常會反問：「您想知道哪個版本的答案？」

為什麼要分版本？因為學理的論述和工作現場的說法往往大異其趣。所謂好服務的定義，在大學教授跟專業經理人的眼中可能有很大的不同，學術領域會把問題理論化，並用複雜完整的說明列舉出來；但從實務層面來說，我們有時間的壓力、股東的壓力、客戶的壓力，必須要把複雜的概念簡單化，跟員工溝通時必須讓他們一聽就懂，策略清楚、方便付諸實行，這是服務業專業經理人的工作重點之一。

也因此，服務業的管理者會將工作重點放在導引員工去產生改變。管理學上我們經常聽到心態（mindset）很重要，正確的觀念會影響工作態度及對客戶的態度，而好的工作態度必然會決定工作的成果。所以我會用簡單易懂的比喻讓同事可以理解，或許聽起來難登大雅之堂，卻能讓員工快速理解。

像是我常在同事碰到執行困難時跟他們說：「縱使客戶虐我千萬遍，我待客戶如初戀。」什麼是初戀？初戀會有點緊張，有點興奮的感覺，當在服務客人的時候也是一樣，感覺到很興奮，然後又很緊張，害怕失誤，這是正常的，只要放膽執行把事情做好就好。

服務三昧：嘴甜、腰軟、手腳快

用我的說法來解釋好的服務，簡單一句話就講完了主要精神：嘴甜、腰軟、手腳快。

嘴甜，**就是要講出客人真正需要的。**

面對客戶，你不能一股腦、自顧自的把自己想講的東西全講出來，而是要站在客戶的位置同理他，以對方的需要為基礎，幫他量身訂作，跟客人說相同的語言。

何謂腰軟？不是要卑躬屈膝去服務客人，而是提供**更彈性化的服務。**

我們常看到一些成功企業有許多令人讚嘆的 WOW Story，他們可以「洞察客戶沒有說出口的內心想望」、創造出不只滿意，而是能讓客戶有美好回憶的服務，絕對不是按照 SOP 就可以給客戶驚喜。客戶服務必須有一定彈性，很難有一套一體適用的 SOP 鐵律，因為每個客人的需求不同，每位服務人員的特質也不同，如果硬梆梆的按照 SOP 走，就只能做到基本。但我們所服務的是人，人不僅有情緒，依時、地、個人生心理狀況又有所不同。也因此在第二章，我們要談「無框架服務」，管理者必須讓每一位員工都能夠發揮所長，激發他們做出最多的努力，讓被服務的客人感到體貼入微，得到他們所期望、甚至超乎期望的感受。

何謂手腳快呢？**那就是要能夠即時反應**。

曾經有一位在北京工作的台商會員，有一天一早醒來突然發現左眼看不見，儘管透過各種管道訂機票，無奈返台機位全滿，最快也只能訂到隔天的機票！人在台灣的太太立刻聯絡美國運通請求協助。客戶碰到身體出這麼大的狀況，驚恐不安的心情可想而知。我們同事想到高空飛行時，艙壓可能影響病情，於是他首先安排線上醫師進行諮詢，在醫師初步判斷能搭乘飛機後，不到半小時就幫客人安排了中午起飛的機票；同時，他不忘通知航空公司預先準備輪椅及協助登機。當天傍晚在客人剛抵達台灣時，一上車手機立刻響起，是我們同事致電的關心電話，問候客人是否已經安全抵達。

好的服務在於快、狠、準，要比競爭對手多想一點，若服務不夠及時、不夠專業，再好的創意都是白費。只要用心，就可以找到用力的地方。

服務業難不難？存乎一心而已。

看不見的東西，如何展現價值？

從一開始我就提到美國運通賣的不是信用卡，而是服務，但服務是一種看不到、摸不著的東西，怎麼賣？我相信多數經營服務業的業者都想提供給顧客好的服務，但顧客的感受卻非常主觀，該如何定義什麼是好服務，進而為服務的品質建立起檢核標準？有長遠而穩定的標準，才能進一步去談提升價值，這是在管理者在執行上要先建立的觀念。

雖然服務業的範圍很廣，金融、餐飲、百貨、旅遊等各行業的執行標準也不一而足，然而要考慮的因素不外是從客戶、產品（或服務）、市場環境等面向來思考，我認為多數的檢視標準依然可以歸納出五大定義，以此來自我檢核，相信多少可以幫助到「不知為何而戰」的第一線工作人員。

一、Do it right（做對的事）

管理學上有句名言：「Do the right things from the beginning, instead of do the things right.（從一開始就做對的事，而不是之後才把事情做對）。」如果在工作現場我們經常要花很多力氣才能「把事情做對」，無形中就會導致效率降低，所以服務流程從一開始的設計就要力求正確，讓員工很容易遵守，才能讓後續執行流暢並降低犯錯率。同樣的，談管理學時也常聽到組織要扁平化，放在服務業來看，也是讓「**工作流程扁平化**」，長期來看組織就不會過度肥大而動輒得咎。

舉例來說，在我的經驗裡，客戶最常抱怨的三件事，只要一開始確保「做對的事」，多數就可避免。最常抱怨的第一名：「沒有提供準確的資訊」，客戶要A，工作人員卻給B，通常就是因為沒有「聽懂」客人的需求，所以一開始就錯了。其二，「沒有提供彈性的選擇」，比如客人要訂熱門餐廳RAW，但碰到五月九日是母親節，餐廳說客滿了，你可以選擇很輕易的回覆「客滿了」就算完結，但也可以提供進一步的建議，比如說：「隔壁有一間泰芮也是很不錯的星級餐廳喲，請問是否願意改訂這家？」或者是，「RAW在五月七日有位子，是否可行？」我們可以給客人多一點選項，而不只是給一個「不行」的答案。其三，沒有及時回應客戶的需求，回應要明快而正確，最怕「我們來研究看看」這種越說越讓客戶火大的回答，就算無法及時提供答案，也應該給對方明確的時程，這是能否令對方安心的關鍵，不能讓客戶覺得資訊不足，他何必要浪費寶貴時間空等一個不明確的結果？

二、Deliver value（傳達價值）

「高手談價值、低手談價格」，如果不能提供顧客價值，便只能在價格上打轉。

美國運通卡不只是支付工具，而是提供會員高價值的服務，也就是說在顧客的眼中，持有美國運通卡所擁有的各項福利、服務人員的即時處理與專業度都必須是有價值的，假如客人覺得我們的服務跟其他一般免年費的信用卡一樣，我們的商業模式就沒有存在價值。

要如何把客戶潛在需要的價值展現出來？

首先是產品的設計，不論你的目標客群為何，都要讓顧客感到物有所值。我曾經看過美國的一份調查，有高達八十一%的高資產持卡人，會使用信用卡所提供的各項福利，反而低資產客群只有九%會使用。**千萬不要誤判你的顧客，先入為主以為「有錢人不會在乎這點小錢」**。

其二就是服務，各家公司都有一套SOP訓練客服人員，讓客人打電話進來時覺得服務人員很親切，而做到這件事的門檻不高。換言之，「親切」這一點，你有他也有，沒辦法讓顧客離不開你。有什麼服務特質是門檻較高、較少人能達成的？答案是第一線從業人員的熱忱！這要靠企業創建一套體系與文化，讓員工在面對顧客時自然而然表現出「**把顧客的事當自己的事**」的態度，而這絕對不是一紙員工訓練手冊可以做到。

三、Make it easy（把事情變簡單）

服務的目的是化繁為簡，只要是在服務過程中會增加步驟或提高複雜度，即便只是一個微小的改變，都有可能造成顧客的不便，往往優質服務就在這麼七折八扣之下名不符實。

我最常舉的例子就是電話的自動語音服務，當你打電話到一些信用卡公司，如果要跟「真人」講到電話，必須過五關斬六將才能轉接到專人接聽，但在美國運通，很快就可以跟真人通上話，我們當然知道減少人力可以省錢，但還是堅持不用冷冰冰的機器，而是用暖呼呼的真人，目的就是讓顧客享受簡便且有溫度的服務。

現代人的時間壓力大，每個人的時間都很寶貴，客人需要一個簡單的答案，對於繁瑣的條文說明容易感到不耐煩。我很喜歡測試別家公司的服務專線品質，大部分公司的系統都是設定按0或9可以轉接到專人，但是有一家銀行很特別，它的專人服務數字每三個月換一次，刻意透過麻煩的手續導引顧客盡量透過語音解決，但其實客人對這種方式容易感到不耐煩，更遑論享受優質服務了。

四、Make it personal（讓服務個人化）

人工智慧是近幾年很熱門的話題，尤其二〇二三年以來Chat-GPT爆紅，各界都在討論：「哪些工作會被ＡＩ所取代？」我覺得思考的方式反而應該倒過來：「ＡＩ如何幫助工作者更好的完成工作？」後者的時代一定會比前者更早到來，也就是說，不論你是一位第一線的工作者，或是帶領團隊運作的主管，只要能用善用ＡＩ這項工具，就能贏在起跑點。

在人力密集的服務行業，該如何讓ＡＩ為你所用？我認為ＡＩ是幫助服務人員建立專業感的好工具，但如果只有專業，會讓人有距離感，必須再加上個人化才會創造感動，短期內人工智慧還無法提供真人服務的溫暖及彈性，人與人的接觸，依然是ＡＩ無法取代的「差異化服務」。

五、Make it extraordinary（不斷創造卓越）

每一次的服務都要留給客戶難以忘懷、完美不凡的印象，客戶才會口碑相傳。很多時候同事不知道他到底做得對不對，我常會說，服務要做得好，就是要讓客人有「WOW！」的感覺，當他發出這樣的感嘆，代表你做的事一定超出顧客的期待；但若你幫顧客處理完，他卻沒有任何感覺，你的服務就只是做到符合標準而已。

服務業沒有捷徑，所謂的優質服務就是從平凡到卓越的精進過程，每一次的接觸都要能讓顧客有感，不只是做到做好，還要出其不意超乎想像。

這五項優質服務的大原則不斷堅持，就能創造三贏：客戶感受到絕佳的服務，忠誠度來自於每一次的感動服務，黏著度自然提高；員工從工作中獲得成就感；公司從忠實的客戶中獲取應得的利潤。

你真的認識你的客戶嗎？

在前文界定了優質服務的定義，但執行好的服務時，必須有兩個重要的先決步驟：一、**認識你的客戶**，了解客人的喜好並知道他對什麼感興趣；二、**跟客人建立關係**，有錢人最怕別人占他便宜，沒錢的人沒空理你，我們要能得到對方的信任，如此你才能達到期望的結果，客人不但願意多使用你的服務，甚至會進一步推薦給其他親友。

我們先從認識客戶開始談起，每個人都知道 KYC（Know Your Customer）的重要，許多企業會列在員工教育訓練手冊上，但對第一線的工作人員來說卻是知易行難，因為許多人對於自己每日工作所服務的客戶的樣貌，有太多先入為主的迷思。

我在美國運通所服務的對象都是持有白金卡或黑卡的頂級客層，看起來目標客群的輪廓相當清楚，這些高端消費群平均年齡為四十～五十歲，非常了解自己的旅遊需求，偏好客製化的深度旅遊行程；此外，他們也非常注重家庭休閒生活，通常會利用每年寒暑假安排全家出國旅遊。

以上這些是你可以從資料上看到的，但看不到的是什麼？

你的小事，是我的大事

我們的顧客因為教育水平普遍較高，有能力接觸國內外大量資訊，有自信、懂得多，常常來挑戰客服人員，這就是數據上看不到的客人樣貌。

以前的資訊取得管道落差大，服務提供者通常是資訊的優勢方，顧客因而產生被幫忙的需求，但現在是資訊爆炸的時代，客人的需求消失了嗎？我認為依然存在，而且恰恰因為資訊量太大，服務的需求轉換成專業的**資訊解讀與篩選**，這也是現今我們最重要的服務價值。

然而，客戶的要求提高，在服務業很容易被簡化為「奧客來了」，事實上，不只高端客人的要求高，每個人都一樣，誰不希望付少少的錢，得到最大的享受？重點在於服務人員是否能理解顧客，洞察他們的需求，如果把客人都看做奧客，對於解決問題並沒有幫助。

我們夜班的同事常在清晨六、七點時接到客戶的電話：「請你跟航空公司說一下，我現在塞在高速公路上，請他們等我。」這口氣如此理所當然，聽起來彷彿我們可以左右航空公司，一般的服務團隊可能會覺得這位客人是來鬧的，根本是奧客，既然認定對方的要求不合理，很可能直接選擇忽視而不去積極處理。但美國運通在處理類似的狀況時，會有個基本原則：一定要讓客人知道「你的一件小事是我的一件大事」，這就是我們的服務與其他人不同的地方。

舉例來說，我們同仁在接到這類電話後，會先提醒客人說：「吳先生，您不要急，小心開車，注意自己的安全。」接著立刻打電話給航空公司櫃檯，告知此客人的狀況，看是否可以請櫃檯先把登機證印出來，讓對方一到機場立即通關、節省時間。雖然無法真的請航空公司等他一個人，但不需客人另外交代，我們就會把所有他想得到或想不到的手續都做足了，沒有動用特權，一樣可以讓客人覺得他的需求有被尊重。

客訴也是抓住鐵粉的機會

客戶各種對於服務不滿、抒發情緒的舉措，只要不是謾罵或人身攻擊，我們也可以換個角度看作是體察對方真實需求的機會。

曾有一位會員入住香港半島酒店，進房間不到十分鐘就打專線回美國運通抱怨，他說這個房間實在太差了，要求換到其他房間。同事立即請酒店的房務主管處理，結果被告知房間是剛裝修過的，軟硬體狀況都好得不得了，但客人就是不喜歡。經過了解後，才知道床頭後方的梅花圖案壁飾是往下長的，客人覺得住起來會倒楣（倒梅），所以才會堅持要換房間。當然，在圓滿更換房間之後，同仁也馬上將這位會員的好惡記錄下來，讓日後的服務能更完美。

業務人員都難免會碰到這類情況，不妨試著問問自己，你有沒有以下屬性的客戶：自以為是、要求高、不耐煩、任性善變？如果有，恭喜你，你找到對的目標，這些客人難以被攻陷，一旦你成功拿下，他們有著無比的忠誠願意跟你到天涯海角！

要把這些客人的要求當成正常，而不要先覺得自己很倒楣碰到奧客，這才是真正的「認識你的客戶」。

讓關係變現的學問

多數人都認為買賣建立在供需關係上，但其實大多數市場上販售的商品，對於消費者來說都不是必需品，即便你的商品屬於剛需，但在同領域中也會有競爭者，消費者為何一定要買你的東西？越是高單價的商品，越需要與顧客建立起關係，當他在可買可不買、或同時有很多選擇時，就比較有機會看中你的商品，對服務業來說，「關係變現」是一門重要的學問。

舉例來說，台灣有很多私人俱樂部，入會費高達幾十萬，從實質面來看，俱樂部會提供會員一些專屬福利，例如飯店的設施、或僅限會員消費的餐廳，但這些會員福利真的划算嗎？畢竟餐廳提供的美食就算再美味，你也不會每天都去當三餐吃，既然如此，想要去買俱樂部資格的會員，就不會僅僅是基於個人需求原因。俱樂部會員花大錢買的是特殊的關係與尊重，當會員入內，服務人員能體貼的應對：「吳先生，您來了，還是一樣喝鐵觀音？還是坐靠窗的座位嗎？」

如何創造高回流率？

頂級客戶通常不會計較服務的價格，但他們需要被尊重、有隱私，期待「超乎期待」的專業。服務人員要具備同理心，主動且即時的回覆各種問題，想要賺到他們的錢，顧好客戶滿意度已經不夠了，更要做到客戶忠誠度，而回報自然也相當豐厚，不只毛利高，高級俱樂部的忠誠客戶的回流率，是一般服務業的六倍！

我常跟白金卡與黑卡的顧問團隊說，千萬別讓客人把信用卡或簽帳卡只是當成付費工具，這不是美國運通獲利的根本，因為市場上有這麼多信用卡公司及各種數位化支付在競爭，這樣只能賺到辛苦錢；但如果我們**把會員當成粉絲俱樂部經營**，就能賺到忠誠度，這也代表著將會賺到他們高達數倍的重複消費。

關係的建立不可能一朝一夕，在「關係變現」之前需要長久經營。

曾經有組員分享他受邀去參加會員的結婚典禮，在觀賞新婚夫妻旅遊足跡影片時發現，每一個行程都是由他所安排的，客戶也在婚禮上發言感謝：「人生中每個重要的階段，都是由美國運通的某某某幫我們完成的。」

而在另一場婚禮上，某位會員想在西藏舉辦婚禮，希望由喇嘛證婚，經過同事兩個星期的努力，終於達成會員的心願。有趣的是，當會員得知為他們證婚的喇嘛，同時也在相當偏遠的地區從事教育工作，內心深受感動，回台後立即捐贈大量的電腦設備運往當地，並不忘來信感謝我們促成一樁公益美事。

越是站在財富金字塔頂端的人，通常個性越小心謹慎，甚至因防衛心重，不會輕易相信人。有時候客戶接到客服電話會先設下心防，懷疑你「又要騙我買什麼東西？」。畢竟現代社會複雜，這是很正常的防衛心理，試想，一般人不也是一樣，有時接到久沒聯絡同學的電話，也會認為他可能是要來借錢、拉保險或賣你產品。

所以如何建立互信很重要，跟客戶建立關係，讓他對你產生信任之後，客戶留下來的比重會相當高，不但成為忠實的客戶，也會介紹他的朋友成為客戶，甚至你所推薦的任何東西，他都會比較容易接受，只因為「我已經信任你了」。

成為客戶不可或缺的生活幫手

服務做得好不好，就看客人有問題時是不是先想到你。

有一次客戶關係經理接到一位會員的越洋電話，他在電話那端焦急的詢問：「你們能不能提供我醫療上的協助？」原來會員在台中的哥哥突然遭逢重大車禍，被送進加護病房，當下有生命危險，但他的哥哥在台灣沒有任何家屬，身為唯一的弟弟，卻因為工作無法馬上趕回台灣處理，心急的他只能先想到向我們的同事尋求協助。了解原因後，客戶關係經理立即請同事代為詢問專業醫師關於手術的注意事項，同時也聯絡國際 SOS 緊急醫療系統，尋求專業資源的協助。

隔天，客戶關係經理專程買了水果禮盒，親自到中部醫院的加護病房，等到開放探病的時間，穿上隔離衣，進去探視會員的哥哥，並代表家屬和主治醫師商討後續處理，也拜託醫護人員關照，之後立即致電給會員，告知他哥哥目前的病情，以及後續處理的狀況。這位會員既感動又不可置信的說：「我沒有想到，你們的服務可以做到這樣。」

這件事陳述起來簡單，但如何得到客戶的信任？其實前面有很多鋪陳：從認識客戶的背景，清楚他喜歡什麼、不喜歡什麼、忌諱什麼，然後建立關係，讓他相信「你可以」，有問題就會優先找到你，自然能達到雙贏的結果。

鐵粉經濟學

讓每一位員工都是自己的主人，才是做好服務的起點。

許多服務業主管常會感嘆，為什麼該教的都教了，員工卻還是常犯一樣的錯？客人總是會有層出不窮的抱怨？這是因為服務的知識與技能可以訓練，但是服務的態度、觀念卻很難養成。我常在演講時提到，要把團隊帶到卓越，重點不是主管是否盯得緊，而是有沒有辦法改變員工的思維。

組織越大越要放權，尤其像美國運通這麼大的企業體，我們必須給予每位員工一定的權限與資源，讓他們可以針對不同的服務需求，自主解決遇到的問題，畢竟每一次的服務幾乎都是獨立事件，需要因時、因人制宜。

一開始一定會有陣痛期，許多員工習慣事事請示的原因很簡單：他們怕犯錯、怕被處罰，但只要進入良性循環，就能讓組織內的每個成員開始有使命感，最終看到認真負責的態度，和獨立解決問題的能力。

把個人經營成品牌，自主解決問題

使命感很重要，如果只是單純把工作當成一份「工作」，不易產生熱情，還沒找到成功的方法之前就疲乏、陣亡了，但如果把工作當成事業，把績效當作是建立自己的品牌，結果就會完全不同。

我常跟同事說，雖然資源有限，但創意可以無窮，不要太早就說「不可能」，你願意多做一步，就有希望多贏得一個忠實客戶。身為領導者，我覺得最驕傲、最光榮的是看到同事們永不放棄的投入，也看到同事有許多潛能因這份工作而激發。

美國運通如何落實感動服務？對我們來說，服務是「動詞」不是「名詞」，服務品質若是原地踏步，就等於是退步，今天你做得好，客戶會給你鼓掌，但是**客戶的標準永遠在拉高，服務的成就在明天**。對所有的服務人員來說，每天解決顧客的各種疑難雜症，就像是痛與快樂並存，只有讓會員看到成果後，有如看魔術表演一般「哇！」一聲驚呼，才算達成任務，當客戶的需求得到滿足，我們亦會得到很大的成就感。

例如媒體報導過我們一個案例：有一位會員在華航機上的廁所用了一瓶乳液，他下機後覺得那瓶乳液的味道非常好聞，卻忘了產品的品牌名稱，於是打電話給我們，希望能幫他找到並買到同款的乳液。我們的服務人員立即致電華航詢問，華航將機上所有款式的乳液照片一一傳給我們，跟客人確認後才終於找到所屬品牌，但卻發現這款乳液早在一年前就停產了。我們的同仁不死心，再打電話到義大利，地毯式詢問將近二十間曾銷售這瓶乳液的經銷商，很可惜到頭來還是一無所獲，只好向客戶回報此款乳液已經絶版，各地都已斷貨，而會員也接受遍尋不著的現實。

不過這位同仁沒有就此放棄，始終把這件事放在心上，他改變方向，又接連發信到美國的各大連鎖旅館品牌，一間一間的問，兩個月後終於讓他找到存貨！客人聞訊後非常訝異，不過就是瓶乳液，我們竟為此追查了兩個月！他驚嘆說，美國運通怎麼可能把服務做到如此境界！

我們還有位會員，在機上雜誌看到有件風衣很漂亮，拍下來跟我們說想買這件風衣，但這是限量款，跟乳液事件一樣，我們怎麼找都沒找到，客人也完全可以理解，但我們的同仁還是不死心，也是想盡辦法聯繫世界各地有可能販售的通路四處詢問，最後真讓他給找到了！詢問的會員以為這件事早已經結束了，沒想到我們還不放棄，讓他異常感動。

我們有的不是特權，而是永不放棄的精神。

把會員看作粉絲，擴散口碑

為什麼要做到這樣？或許你會問我，花了這麼多時間與人力在一件小事上，從企業經營的角度來看值得嗎？我必須說：非常值得。因為這一件小事感動了顧客，他會認同我們的服務，與我們的同事之間建立起關係與信任，從此這位同事想賣任何產品給他，成功率都很高，換言之，以後這位顧客就是「鐵粉」。

我之前常想，為什麼只有影視娛樂業才有粉絲？為什麼服務業不行？有一次我跟女兒去聽某位歌手的演唱會，女兒是鐵粉，歌手在唱某一首歌時破音了，我心想，這麼有名的歌手竟然會破音？女兒卻毫不以為意的說：「爸爸，你很遜吔！那個破音破得多漂亮啊！」在鐵粉的心中，偶像即便有失誤，也完全可以被包容。

如果客人只是把美國運通卡當成付款工具，當我們有天不小心犯錯，客人就會永遠離去，但若是我們的鐵粉，當哪天客人動念要剪卡時就會多想一下，此舉會不會對服務人員造成傷害？顧問總是把我的事情處理得很好，剪卡後就沒辦法再讓他服務了，想想還是繼續保留好了——這也是我們的長期會員占比很高的原因。又例如疫情期間，即使因國境封鎖及其他風險考量造成刷卡額度調降的不便，但是多數會員依然願意給予支持，大家都能理解並持續使用我們的產品及服務。

服務做得好，可以建立自己的粉絲群，讓粉絲去宣傳你的服務與品牌，擴散你的口碑，在滿足會員功能性的價值之上，再拉高附加價值。多年來我期許員工以建立自己的粉絲心態來工作，在在證明是成功的，當我們從白金卡擴展到黑卡市場的時候，有服務黑卡會員的同事分享，客戶跟他說：「你們產品有許多優惠我都用不到，但因為你，所以我申請成為黑卡會員。」

把鐵粉經濟學擴大，你就會有一群死忠客戶，這對公司來說是非常棒的，不只是從獲利的角度，還在於這種成就感會讓我們對工作有夢想、感受其價值。

好萊塢有個很會拍電影的夢工廠，我也希望把台灣美國運通卡打造成服務業的夢工廠，只要客戶有夢，「夢工廠」服務團隊就會幫客戶全力圓夢。

無框架式服務

麗思・卡爾頓酒店集團（Ritz-Carlton）可說是全球頂級服務的代名詞，探討其經營哲學的《百億打造的十堂服務課》，提到他們會授權讓服務生視情況提供客人各種非制式服務，書上提到，「**規定太過詳盡的服務手冊，反而可能把服務人員限制在既有的服務制度中，扼殺了服務員臨機應變的能力。**注1」在精準訓練之後給予員工充分彈性應變的自主權，甚至於讓服務生手上有一小筆金額可靈活運用，這種管理文化讓麗思・卡爾頓創造出許多超越顧客期待的服務佳話。

服務業者可以提供給顧客的，除了立即性的「功能性滿足」，更高層次還可以為品牌提升附加價值、讓客戶由感性產生感動，最後變成粉絲。服務過程和服務結果的品質必須穩定，這當然無庸置疑，但怎麼樣才能從「好」到「卓越」？

我曾在一些採訪中提過，以美國運通的「滿意度調查表」為例，問卷設計會根據不同時期有些變化。相信大家上餐廳或住旅館時都會看到這種滿意度問卷，一般都是分成「非常滿意、滿意、普通、不滿意、非常不滿意」這五種選項，但後來我們刻意把問卷簡化，改成只有「好、不好」和「有、沒有」，我們發現，沒有了「中等」、「沒意見」、「普通」等中間選項，客人勾選「好」或「有」的正面回答變多了。但即使如此，就算勾選「好」的比例變高，我不認為可以百分百代表這個顧客會變成忠實客戶。

怎麼樣才能反映出客戶的黏著度是高或低？很簡單，我現在重視的是客人「**願不願意推薦給朋友**」，因為有做到、做得好是應該的，好到讓客戶願意幫忙推薦，透過人際行銷擴大口碑，這才是我們的目的。

超越框架之外

從流程上來說，光是只有框架內的 SOP 是不夠的，多數服務雖標榜量身訂作，卻大多是為公司管理層方便量化管理，而不是為了客戶的使用體驗，真正的頂級服務必須把這些框架拿掉，創造出不以 SOP 為限的無框架式服務。

前文提過好服務要「嘴甜、腰軟、手腳快」，進一步來看這其中由淺到深而廣，既要實質上幫到客戶，也能回饋到企業本身：

一、**解決問題：**我們既然名為「旅遊暨生活顧問」，服務的內容涵蓋很廣，很難一言以蔽之，因此上線服務的客服同事除了熟悉 SOP，還要有獨立判斷能力，根據每個案例的異質性做出調整，讓客戶及時得到幫助和支持。

二、**提高效率：**透過不繁瑣最直覺的流程（例如我們自豪的一站式服務），對我們和客戶雙方都可提高效率，節省時間和成本。

三、增加價值：除了具體的服務結果，因為比顧客想得再多一點、方案再好一點，價值不只是滿足客戶當下要求，而是讓他累積出對你的信賴感，樂於長期仰賴你提供的服務。

四、創造利基：美國運通除了發卡數量，也重視實際使用金額，用戶刷卡金額是其他同級信用卡的數倍以上甚至更高！頂級客戶多半很挑剔，但換位思考、提供關懷，當客戶的滿意度高、回頭率高，想主動推薦給他人，透過互動所創造的口碑行銷也打開了。

五、自我創新：持續創新，因應不同時期開發出符合市場需求的新服務，提供更多元化的選擇，有形效益可搶占市場，無形效益則是為企業帶來形象提升。例如一提到鼎泰豐，它最傲人的賣點早已不只是漂亮美味的十八摺小籠包，而是為不同年齡層的消費者創造到店消費的絕佳體驗，美好的感受可聯繫到品牌形象，也為它在其他通路推出的產品加分不少，例如線上商店、大賣場的冷凍即時食品等等。

有些人可能會誤會，「無框架」只能考驗員工自由發揮的本領、不用照著 SOP 走了嗎？當然不是。SOP 是基本，只是光是照著流程走的服務，很難讓人有「WOW」的感覺，顧客要的是彈性化服務所帶來的驚喜，所有創造價值的品牌故事，都來自於那些沒有框架的服務，來自於員工願意多做一點，超過 SOP 所規定的內容，創造沉浸式的體驗，才能贏得顧客的讚嘆。

傳奇的締造，仰賴員工的應變能力

我們有一位同事得知他負責的會員即將前往東南亞某地旅遊，先主動提醒當地水質不佳，最好自備運動飲料以備不時之需，但他不僅止於此，在掛上電話後自掏腰包，買了一些鋁箔包的運動飲料快遞送給客戶，這位會員收到後感動不已，不但主動打電話來表達謝意，並且二話不說就把該公司日後所有的差旅業務全部交給美國運通承辦。

某位會員是家族中的長子，想安排全家十七人的歐洲行，但家庭成員散居日本、中國、美國及歐洲等地，成員的國籍都不同，光是要拿到各國護照辦各種簽證都是大工程，像這種一般旅行社無法完成的案子，也是我們能投入人力為會員妥善安排的服務之一。

二〇一一年埃及爆發「茉莉花革命」，局勢急轉直下，台灣將當地的旅遊警示從橙色升至紅色，許多滯留當地的台灣人都想盡早離開。當時正好有位黑卡會員帶著家人在亞斯文（Aswan）的郵輪上度假，原定上岸後搭機經開羅轉機回台，但開羅局勢緊張，於是他撥電話給黑卡顧問，表示不願等待政府的包機，同時他想要保持低調，要求以最快速度安排私人飛機。我們團隊在一天之內就安排了一架十人飛機，將會員一家送到義大利羅馬，再順利轉機安全回台，在當時還躍上新聞報導，也成為黑卡傳奇話題之一。

COVID-19 疫情最嚴重的時期，有很多會員的孩子在海外求學，被困在美洲或歐洲回不了台灣，天下父母心，會員們自然非常著急，透過我們的協助安排，順利讓許多孩子能盡早搭機回台。即使真的無法回台，我們也會協助遞送生活與防疫物資、安排管家，甚至提供保全人員，保護孤身在外的孩子們的安全。

我們的服務之所以可以締造這麼多傳奇故事，服務顧問絕對不是上線三兩天就可以做到如此程度，針對資歷尚淺的同事，上線後確實需要遵照公司的 SOP 應對與執行，以免手忙腳亂；至於資深的同事，則不需用 SOP 來限制他們，要多激勵他們好好發揮，即便有五到十年的資歷，也要能不斷精進自己，拓展跟客人的關係，以及了解產業發展趨勢。

服務是前行的單行道

二〇一七年左右，我就開始請滿意度調查公司刻意詢問我們客戶：「你會推薦美國運通黑卡給朋友嗎？」一開始，這一題的答題成績單可說不太樂觀，甚至於我們曾收到報告，每十個客戶中大約只有四個人願意推薦黑卡給其他親友。於是當時我也花了很多心力去鼓勵同仁，必須多把「能讓客人WOW的服務」放在心上。

有媒體報導過，為了鼓勵我們同事，我們在公司布置了一整面「WOW」牆，讓客服人員把那些讓客人驚喜、感動的服務經驗寫下來貼上去；此外，我們也定時讓不同團隊輪流報告自己和客人互動的小故事，重點是讓更好、更動人的服務案例可以被更多同仁看見，一旦培養出共好的文化，員工就樂於彼此激勵。

我在服務業界已經四十年了，至今都還會到第一線去了解，有什麼新的流行餐飲、新的消費觀念，才能跟年輕的同事溝通，服務就是一條單行道，只有前進，不能後退。

注1：高野登著，黃郁婷譯，《百億打造的十堂服務課》，二〇一四年一月出版。

天使來自於細節

我到餐館吃飯時常會趁機觀察業者的服務細節，有時會出一些問題來測試店家的服務水準，是否真如網路上的評價。有次和朋友在五星級飯店吃飯，服務人員來詢問我們飯後飲料，他先說明菜單上列出的三種果汁，我說想要點菜單上沒有的胡蘿蔔汁，這位服務生立即回說：「菜單上沒有就沒辦法點喔！」我請他跟後場確認一下是否能夠提供，他去問了才回覆我說：「廚房說可以提供沒問題。」雖然最終滿足我的需求，但卻是不夠理想的服務過程。

不管能不能做到，不要隨便說NO！

當客人提出詢問的時候，第一時間馬上回答「沒有」、「不行」絕對不是最好的答案，這會讓客人感覺你不是做不到，只是「不願意做」。在服務的過程中面對任何問題，即便只是簡單的一句「是或不是」、「有或沒有」，也是有對應的技巧在裡面，若能從客戶的角度和立場來思考，就能把服務做到「入心」，達到店家與顧客的雙贏。

任何要說「不」的狀況，在美國運通要先說「是」，但這並不代表客戶提出的任何要求我們都能做得到，或明明不可能也敷衍客戶，而是在說「不」之外，我們必須盡力提供客戶另一個選擇，讓顧客感受到你有站在他的立場，能同理他的想法。

當會員打電話來提出需求，我們的同事一定要先說 Yes，接著開始想辦法找答案，**如果一開始就說 No，就不會有後來做出的種種努力，**兩種回答背後的心態完全不同，態度決定高度，嘗試各種可能後發現原來自己能夠辦到，除了達成客戶的需求外，還會有一種「原來我可以」的成就感。

「好的服務要從 say Yes 開始」，一旦習慣對客人說不，第一次拒絕時或許客人會想「沒關係這次先找別人」，然而被拒絕第二次、第三次後，就永遠不會找你了。顧客在你這裡得不到協助，但他的需求並不會消失，自然會去找其他可以滿足他的業者。滿足客戶並將其轉化為忠誠度，才能為公司獲利。

讓客戶滿意的兩個核心

有一年夏天，某位會員說他想要在颱風日住進東北角海岸的旅館，房間窗戶要面向大海，他要在狂風巨浪的景色裡，聆聽貝多芬的交響曲，思考未來的人生，請我們幫他找到有如此景色的飯店房間，同時要飯店在房間裡準備好音響。你可能心想這個人會不會太瘋狂？但我們訓練員工，要把每一位客人的事當作自己的事，後來真的做到了客人的要求，讓客人在那個颱風夜，照他所想、所期望的去思考人生。

又例如亞洲名廚江振誠在台北的餐廳 RAW，只有六十個座位，線上訂位系統僅開放兩周內的預訂，訂位難度非常高。每天中午十二點系統一開放，我們固定會有一群生活秘書同事集中火力全力搶訂，就算訂不到客人第一順位屬意的日期和時間，還可以提供第二、第三……等其他選項。

就算做不到，也要讓客人清楚知道我們的努力，即使無法提供最佳選擇，仍要提供次佳方案給客人參考，當團隊有這種共識，說穿了，也讓員工整體的敬業力提升了。這一點一滴的信賴感就是這樣逐步累積，對手自然無法輕易撼動。

我們沒有什麼特權，只是我們的團隊更願意去嘗試，「沒有做不到，只有想不到」、「用想的做不到，用做的讓別人想不到」，這兩句話才是能夠不斷讓客戶滿意的核心。

把自己定位為造夢者

美國運通在台灣推出第一張白金卡時，我們能提供的服務囊括食衣住行等各個層面，很難用一句話來解釋清楚，但我常跟同事說，我們何其有幸從事有如造夢者（dream maker）的工作，在外人眼中我們得解決會員各種異想天開的疑難雜症，顧客不易相處，工作充滿壓力，但我們卻認為這是一份很棒的工作，每天都在幫客人完成夢想，對我而言做這一份工作真是上輩子修來的。

郭台銘先生說「魔鬼藏在細節裡」，這是屬於製造業一板一眼的思維，而服務業則需要更多柔軟的人性。我認為服務業是「天使來自於細節」，很多服務的眉角說穿了並沒有多了不起，例如知道會員出國期間正逢結婚周年，特別打電話要求飯店在房間的床上撒上玫瑰花瓣，讓客人既驚喜又感動；又或者出國前幫會員檢查護照是否到期，避免到機場才發現出不了國的窘境。這些細節就是我們每天日復一日的工作，細節做得夠好才能讓我們跟競爭對手不同。

服務業盡量不要有製造業SOP的框架，我們要當客戶的天使，讓客人覺得安心，不管他到哪裡，知道後面有一個團隊、一群很棒的人在守護著他，有任何需求都可以得到幫助，這是我工作近四十年來最大的成就感。

無壓力服務，如何恰到好處？

服務是一種感覺，正因為如此，分寸特別難拿捏，有時想讓顧客感受到熱情，卻無形中讓人感到壓力，有些客人還會覺得有點做作，用力過猛得不償失，好的服務要恰如其分才行。

聽起來很籠統，我們就以餐飲界現在很流行的「說菜」為例。每一道菜上來時會有服務人員在桌邊說菜，這當然是一項呈現主廚用心、店家優勢的服務，但有時客人正聊得愉快，卻被迫打斷聽服務人員講完；或者明明想先大快朵頤、自己感受美食，卻不得不先聽一大串說明，反而被限制了對於味道的想像；又或者有時服務生只是因為公司規定一定要講，就如同念稿一般平板敘述，既沒有把感情放進去，講出來又很制式，效果適得其反。

存在感降到最低，細膩度提到最高

雖然服務好不好的評判因而人異，多是主觀感受，但呈現技巧還是有一些通則，一味把服務規範當成像中央廚房一樣，並非萬無一失的做法，太冷淡、太肉麻、太制式化，在我看來都不算好的服務。

我認為最高段的服務應該像國際頂級飯店集團安縵（Aman）一樣，當客人不需要服務的時候，不會有任何打擾；但當客人有需要時，在神不知鬼不覺間立刻得到服務。每次客人出門回來，房間裡都會整理好，你會很好奇，高級飯店是怎麼做到的？難道他們會通靈嗎？其實方法說穿了不值錢，早年我到曼谷東方文華酒店，就發現他們將打擾程度降到最低的秘密：原來房務人員會在門口角落放一根牙籤，只要客人一出去牙籤便會掉落，既不用房客按鈴掛牌，也不怕打擾到客人，服務人員就知道可以入內整理。

好的服務知易行難，所有業者都知道客人需要，但有時並不是不夠努力，而是努力方向錯誤，投入龐大資源，卻不知如何精準使用在提升服務表現。

在我們這個產業，有很多信用卡公司會運用科技軟體，例如借助CRM客戶關係管理系統（Customer Relationship Management）來幫助線上人員，以求提供更好更快的服務，當客人打電話到客服中心，輸入卡號，客服人員馬上就能從電腦上知道這位卡員的資料，包括上一次打電話曾經詢問哪些問題。

還有很多銀行會設計漂亮的網頁，讓客戶可以直接在線上操作所有需求，連服務人力都不需要。但有了這些系統，就代表能提供更有競爭力、感受度更好的服務嗎？

不只下一步，下兩步也要想清楚！

即使投入大量的資源在硬體系統上，也不能忘記，**服務最重要的核心是人，而非機器**。美國運通最引以為傲的就是產品和服務的創新，針對高端客戶，我們提供**一站式的服務**，只要一通電話，就將客人交辦的事情搞定，而線上系統不一定能做到。

有位會員是某間國內飯店的常客，在某次入住時，飯店幫他辦了一場特殊的慶祝活動，他覺得非常感動也很開心，於是在退房時詢問飯店當天有多少位員工上班？飯店人員說大概兩百多人，結果在短短一個多小時後，兩百多杯星巴克冰咖啡已經順利送到飯店。飯店人員非常驚訝，詢問他是如何做到的？客人說：「很簡單，只要打個電話給我的白金顧問就好啦！」客人覺得方便，他就會再使用，一次兩次三次，一站式服務真正的目的，就是回應上述的：讓客人離不開你。

二〇一七年冰島火山爆發，造成航班大亂，有許多在歐洲的旅客及旅行團行程受到影響，不少業者因為沒有旅行社相關經營經驗，疏忽了時差的問題，也沒有調查好各地機場訊息，只是一味的努力打電話想關心客戶，不但打擾到客戶睡眠，對於對方真正迫切想了解的提問也一問三不知。

我們的做法則是透過公司系統，先找出當時有多少會員正在歐洲旅行，在每天下午五點後、也就是歐洲時間的上午主動與會員聯絡，提供最即時的航班訊息，讓他們不用像無頭蒼蠅般每天跑到機場等候，或站在機場櫃檯跟老外地勤爭論班機究竟要飛不飛，因為保持即時資訊暢通，他們就可以繼續在飯店裡悠閒吃早餐享受假期。

這是跟行程有關的部分，我們會做到的服務當然不止於此，電話中還會詢問會員現金夠不夠用、需不需要緊急提現、飯店住宿是否需要延長、要不要幫忙租車等等。有緊急狀況需要立即回國的客人，會安排搭火車到就近已開放的機場搭機回國。有位會員因為高血壓藥已經用罄，我們的服務顧問還協助客人找到台灣的主治醫師，開立英文處方籤，提供給客人所在地的藥局開藥。

這些執行細節看似複雜，其實在於一個共同的關鍵：就是要做任何動作前，一定要把下一步、甚至下兩步該做什麼想清楚，不要讓你的服務變成客戶的問題與困擾。

奧客的定義

服務業常把奧客當作洪水猛獸，碰到這類客人難免員工抱怨、主管無奈，但少有人提出解決方法。在此之前，我們先來定義什麼是「奧客」？

把奧客分類

你或許沒想過，除了EQ不佳、純粹就是來亂的「真奧客」之外，有些客人的要求對你來講是奧客，可能對其他店家來講只是「剛剛好」而已，如果你能試著把所謂的「奧客」分級，仔細確認哪些客人對你而言是重要的，你提供的服務還有哪些是需要加強的，而不光只是抱怨，業績肯定會有所提升。

就像三星飯店跟五星飯店提供的服務不會相同，假如今天客人提出一個要求，三星飯店的員工可能覺得不可能做得到，但去到五星飯店，覺得剛剛好而已。從事服務業最有趣的是，永遠不知道每個人潛力有多大，真正做了以後才發現「原來我們也可以做到」，我們在美國運通常用一句話來激勵同事：「Before you try, never say impossible.」與其抱怨客人，不如把自己的能力建立起來。

每克服一次難關，就能擴展極限

我們曾經有一位會員，風水師告訴他一定要在十二月三十一日跨年當天入住東京迪士尼樂園飯店的三〇七號房來開運。乍聽之下似乎不難，但事實上卻很困難！因為全世界太多家長都想帶孩子到迪士尼樂園和米老鼠一起跨年，東京迪士尼樂園已經有多年慣例，會在十二月三十一日中午前，清場送走所有的客人，想要在跨年前一天入園者必須事先報名，並以抽籤決定，過程公開透明沒有特權可講。更嚴格的是園方規定必須是日本居民才有抽籤的機會，我試著透過日本美國運通的同事，動員全公司的名額來幫忙抽籤，沒想到，竟然一個也沒有抽中。

我只好打電話向這位客人致歉，但他不死心的寫了一封文情並茂的信給我，說他的風水師說，當年的十二月三十一日一定要住進那個房間，明年他的事業才會大發。他說：「吳先生，難道你希望我明年的事業，因為你而受影響嗎？」我再一次跟他解釋，已經請美國運通日本的同事幫忙抽籤，但運氣不好沒抽到，實在愛莫能助。又過了兩天，他甚至親自到公司找我，還帶了小禮物，千拜託萬拜託的說：「我明年的運勢就靠你了！」

很多讀者聽到這裡，難免都會認為這位客人強人所難吧，我雖然做了能力所及的所有事，做不到就是做不到。不過正當我為著該如何回應客人而煩惱不已時，湊巧到日本出差，在東京街頭販售票券的商店看到竟有人要拍賣跨年當天的入園券！原來有人雖然幸運被抽中，卻臨時有事不能去。我馬上打國際電話向客人確認，加價買下這張迪士尼跨年入場券，順利獲得入園資格後，再以我在旅遊業長期經營的人脈，請求住進三〇七號房就不是難事了。

隔年，這位客人又打電話來，這次風水師指定他要在跨年夜入住曼谷的文華東方酒店，難度比第一年低一些，我們鬆了一口氣。第三年，則是要前往英國威廉王子和凱特王妃度蜜月的非洲小島塞席爾，雖然有點難度，但我們還是順利達成任務。

我當時還真想去拜訪這位風水師，拜託他來年不要再出難題給我們，不過，每次跟風水師之間的「較勁」，也真的讓我們開拓旅行業務規劃的極限，同事們都覺得「連這麼難搞的行程都可以搞定，沒有什麼事能難得了我們」。

如何處理客訴？

就算都照著 SOP 走，只要對象是人，就難免有各種預期外的狀況或問題，服務業最常碰到、也最難處理的就是客訴，一個處理不好的客戶抱怨，不是只有失去一位寶貴的客戶，也可能造成「壞事傳千里」的口碑，在網路社群時代，如果擦槍走火甚至能引起負評海嘯，因此如何處理客戶抱怨，也是做好優質服務的關鍵。

比爾蓋茲曾講過一句話讓我受用無窮，他說：「最不滿意你的用戶，往往是能幫助你前進、最寶貴的學習資源。」想想看為什麼客人會打電話進來抱怨？一定是他對我們的服務有不滿意的地方，或是對產品有任何誤解的地方，大多數客戶的抱怨是為了解決問題，而不只是情緒的宣洩。

客訴應對三步驟

傾聽、記錄、採取行動，是處理客訴最重要的三個步驟。

當客戶來抱怨時，首先就是要傾聽，有時他只是想有個訴苦的對象，讓心中的不滿找到出口，這時你若與客戶爭辯，不斷的辯說這是公司規定，該怎麼處理就怎麼處理，我也沒辦法等等，表面上看似合理，卻不留情面給客戶，即使爭贏了，很可能也會失去這位或更多客戶。

先將抱怨的情緒移轉，不要將自己的情緒帶入溝通，服務人員要比客戶更冷靜，這樣客人才有可能平靜下來。我永遠記得一句話：「**與客爭辯，雖勝猶敗**。」要有同理心，站在客人的立場去想，因為我們不是參加辯論比賽，辯贏了又怎麼樣？客人可能因此就離開你了。

客戶要的是可以解決問題的簡單答案，不需要一大堆解釋，過多的說明反而把客人搞得更火大。在回電之前，先徹底了解整件事情的來龍去脈，一則讓對話容易聚焦，二則也避免自己被客人誤導，回歸到以事實為基礎來處理問題。此外，自己要對不同的應對方案先打個底，在心裡盤算過，等到與客戶通話，就直接告知對方答案，並扼要說明會採取的後續行動，重點是讓客戶清楚進度與結果，強烈表現出願意為客戶多做一步的態度與意願。

老爺酒店集團執行長沈方正先生和我在一次對談中提過：「處理客戶抱怨有兩個重要原則，一是換人，二是換地點。」我很認同，這就是很靈活的應變。試想，客人喊出：「找你主管來！」通常是因為他不想再談下去了，這時候找別的同事出面，或把客人帶到另一個環境，多少可以改變客人的心情，只要客戶沒有翻臉走人，而是願意對另一個人再述說一次，事情大概就能解決八成。

此外，在面對面溝通時記得要複誦對方的問題，讓客人感受到你很認真聆聽，最後告訴他解決問題的可能時間點，這是第一線服務人員最恰當的處理方式。簡單來說，以「終」（讓對方知道你清楚他的需求目標）為「始」（提出解決路徑），加上具體的時間、步驟，都有助於將客戶導入冷靜情緒，回歸就事論事的正向循環。

碰到客訴時也先別緊張，有五個原則：

第一，要懂得求救，只要狀況不對立刻請求支援，否則會把事情弄得更糟。

第二，被緊急請來處理奧客的同事，一定要被百分之百授權，不管決定是錯還是對，主管或團隊都要給予信任。

第三，處理客訴的員工必須高ＥＱ，絕對不能被激怒，就像談判一樣，一步錯就全盤皆輸。

第四，任何給顧客的補償，一定要當場、即時可以使用，不能有過多的限制，要不然很容易會被認為「沒誠意」而引起更大怒火。

第五，隔一、兩天再打一通關懷電話，確認問題已解決。

堅守底線，給團隊安全感

話說回來，我覺得對於「奧客文化」，媒體也要負點責任，媒體喜歡報導消費糾紛，有衝突就有點閱率或收視率，這點無可厚非，但如果長期過度渲染，容易造成不理性的消費者直覺「我要吵才有糖吃、夠大聲業者才會讓步」。有一段時間我常常受到客人的恐嚇：你如果不如何如何，我就去投水果日報、數字周刊、發存證信函，或者要開記者會。當然，我認同服務業總有各種需要改進的地方，而政府保護消費者權益也用意良善，但總免不了有些客人不夠理性、極大化的濫用「權益」二字。

我始終認為服務業是一門專業，更是必須有尊嚴的事業，顧客的要求高，我們當作挑戰，砥礪自己進步，雖然我們宣稱「地球上合法的事都幫您做到」，但只有一條是我們絕不退讓的底線：那就是言語暴力！

美國運通的執行長 Steve Squeri 曾在公司的全員大會中宣示，他絕對不允許全球美國運通的同事遭受任何言語暴力及不公平的對待，不管多麼有名的名人、事業做多大的大老闆，也不論會員所持卡別有多高階，我們一定會保障所有的員工免於恐懼。

在台灣深耕這麼多年，我們確實也曾經碰到一些言語暴力的特殊情況，我們的基本 SOP 是禮貌的對客人說：「您現在正處於情緒中，我晚點再為您服務。」然後可以直接將客人的電話先掛斷。

當初在擬定這條規定時，有同事不敢相信，怕萬一有事，自己會背黑鍋，我就請他把電話轉給我，這位口出惡言的會員不相信我真的會掛電話，掛斷之後又不斷打進來謾罵，每一次我都會平和的說：「等您心情平靜了再打來。」這樣掛斷、再接，持續二十多次，到後來客人總算願意冷靜溝通。

對服務業的主管來說，支持員工很重要，但另一方面也要靜下心來想，為什麼客人會這麼生氣？他暴怒的原因是什麼？團隊有沒有從客訴裡學到一些經驗？這才是最重要的。

台灣人很喜歡去日本旅行，日本知名的星野集團更是受到許多飯店迷的喜愛，它所提供的體驗價值遠超過住宿功能，常創造許多讓消費者津津樂道的話題。星野集團董事長星野路佳有一回來台灣，在媒體主辦的國際論壇演講時，分享了他面對非理性客訴的原則：「客人不合理的要求，會降低員工的熱忱，那些客人，我們拒絕服務就好。」

管理高階給團隊能放心、放膽處理的支持力，員工有了底氣，才能談獨立作主、提供更彈性的完美服務。

體貼是一種專業：別讓驚喜變驚嚇！

服務是一門專業，尤其是要「讀懂」顧客那些沒講出來的需求，這往往是資深與菜鳥之間的差別。第一線的服務人員經常會抱怨，客人要什麼都不講，事後才來抱怨說某某事情沒做到，真難伺候。你明明覺得自己專業能力不輸人，卻老是得不到客戶的認同？關鍵在於專業之外，還要有**同理心**。

某家航空公司有一位非常重要的VVIP，他某次出國時有一位女性朋友隨行，該航空公司的服務人員認出了這位貴賓，不但給與登機禮遇，還請機場經理特別到機上致意：「歡迎吳先生及吳太太搭乘。」結果那位同行的女性朋友並不是吳太太，讓吳先生非常尷尬。

專業必須搭配體貼

不是所有的VIP都會想被認出來，我曾經在新加坡遇過某位名人，在機場入境大廳被航空公司舉牌接機，地勤原本是想讓顧客倍感尊榮，結果卻引來眾多粉絲圍觀等候，結果這位名人寧可待在管制區內也不想現身。

服務需要專業且具同理心，以我自己的親身經歷為例，有次我訂了一間台中的旅館，也用信用卡完成付款，然而在出發前一天，旅館的服務人員打電話問我：「吳先生您明天確定會過來嗎？」啥？我不是已經把房費都付清了嗎？對方回答：「是的，我只是想確認您明天會來嗎？」我要去度假的心情有如被澆了一盆冷水。接下來這句話更是讓我覺得不舒服，「我們check in時間是下午四點，早於四點之前是不行的喔，您最好是下午六點以後再來。」

講完這通電話，我實在好想取消訂房，這位服務人員固然傳達了飯店要他做的工作，也就是跟客人確認行程，並提醒抵達時間，但他忽略了措辭的專業，無法換位思考，講出來的話語顯得拒人於千里之外，他忘了顧客入住飯店是想徹底放鬆、好好度個假，一開口不但沒有最基本的問候，還不斷做出負面提醒。

另一次，同樣也是國內旅遊，一樣支付了房費，旅館人員也是前一天打電話給我。服務人員說：「吳先生，我代表飯店歡迎您明天來入住，我可以知道您大概幾點會抵達嗎？我們希望能提前將您的房間準備好。」服務人員的目的相同，但說法與前述那間不同，聽起來就能令人感受到體貼。

最棒的是這位服務人員還用上「交叉行銷」的技巧，他說：「吳先生，我們二樓的中餐廳蠻熱門的，位子不好訂，是否需要先幫您訂下來？請問是六點還是七點比較好？」我本來打算辦理入住後到飯店附近的餐廳吃飯，聽他這麼說，沒想太多就訂下了飯店裡的餐廳。

我相信前一間旅館的管理者也是提醒同仁再次確認訂房及致意，但服務人員如果沒有受過專業訓練，用詞欠缺考量，反而影響客人入住前的觀感。對照之下，第二位就做得很好，主動關心客人，代表飯店歡迎你，不只是完成了任務，還多達成一個額外的任務：把餐飲推銷出去。

回饋要主動、即時

還有一次我陪客戶到高爾夫球場打球，當輪到我開球時，球場草地的灑水系統竟然自動灑起水來，淋濕了我一身。雖然當時桿弟及一旁的服務人員立刻道歉，並拿毛巾讓我擦拭，但我仍然感到有點不舒服，不過當打到第二、三洞間，因有個休息區，服務人員已經提前準備好一件新的T恤讓我更換。當時我能感到對方的體貼，因為這並不是我預期會受到的服務，馬上就對球場服務水準的評價從負面變成正面。

在服務的過程中難免會發生不可預期的失誤，其實不見得都是壞事，這或許是和客戶拉近關係、反轉評價的最好機會。

要讓顧客感覺到你的專業與同理心，**最基本的做法就是主動和即時的反饋，避免客戶在認知上有落差**。這是在服務過程中時常碰到的問題，尤其是台灣人個性比較溫良恭儉讓，覺得默默做事就好，客人總是會看到，例如第一線服務人員常常回覆：「好，我理解了，完成了就會通知您。」但顧客可能認為是三十分鐘或一小時後就能得到答案，他不會知道你為了他的事加班到很晚，結果隔天等不到新進展又來客訴，做得這麼辛苦還被嫌棄，多不值得！

客人要的是驚喜，而不是驚嚇。所以我常跟同事說：「**愛要讓客戶知道！**」我常提醒所有的服務人員，多主動和即時回覆客人，千萬不要埋頭苦幹，要「抬頭」苦幹，不光是愛要即時，愛要主動，愛更要讓對方知道，隨時提供客人最新進展，這樣的客戶關係才會建立得長久而紮實。

3

打造高熱情、低流動率的團隊

就業市場失調，大家都在搶好人才，
我們要找的不是一百分的「頂尖高手」，
而是可以跟著團隊一起成長的「對的人」。
企業培育員工，員工適性發揮，
能為員工個人加分，開拓成長性，
魚幫水、水幫魚，就能吸引更多人才。

應對缺工潮（上）：讓年輕人進得來，留得住

在這本書出版的同時，我個人大膽認為，可能也是服務業掀起產業革命的契機！

現在有越來越多行業，包括傳統產業、餐飲業、旅宿業、零售業……都為了找人問題而頭痛，傳產業者抱怨人力流到半導體業，餐飲店的門口永遠掛著徵人啟事，或好不容易補了缺卻做不久。

在台灣，客服工作的流動率一向很高，對管理階層來說，永遠都要培訓新人，好不容易有一批可以上線了，前一批卻可能陸續離開了，長久以往難免會導致服務品質波動不穩。

在新冠疫情嚴重時期，許多服務業的從業人員自願或者非自願離職、轉換跑道，但隨著疫情穩定，尤其是二〇二二年開始，國旅大爆發，內需市場迎來一波波的報復性消費，在風景名勝、網美景點，到處是滿坑滿谷的遊客，甚至於一些熱門飯店在check-in時房客得排隊三個小時才能辦妥手續。滿滿的來客代表錢潮，固然可以衝高業績，但由於服務人力不足，生意好到業者應對不及，反而造成很多消費糾紛或引起抱怨。

年輕人到底要什麼？

缺工問題在以前的年代是很難想像的，也因此現在媒體曾以「百萬缺工海嘯」、「大缺工時代」來形容目前人力市場供需失調的窘境。國發會的數據告訴我們，往後每年工作人口將少一萬七千多人，人力銀行盤點職缺，光是住宿餐飲業每年平均缺額就超過十九萬人。無論是航空業、旅館業、餐飲業，我曾聽到很多管理階層都在感嘆：服務人員很難找、年輕人好像都不想進入這個產業啊！

那麼，我們就必須從源頭來想想，年輕人到底想要什麼？

我想《商業周刊》提到美國經濟學家趙丹尼（Daniel Zhao）的說法或許是答案之一[注1]——現在的情況與其說是「勞動力短缺」，不如說是「雇主將難以招聘和留住員工」，而這兩者情況是不太一樣的。

很多年輕人離開服務業的正職，轉而從事外送工作，因為他們期待工作要有彈性、能自由安排作息、不想被時間綁死，不想做那些動不動要加班爆肝的產業。對年輕世代而言，傳統那一套堅守崗位、為企業賣力以爭取長期鐵飯碗的想法，已不再是主流價值了；取而代之的是，越來越多人在意能否自主調配工作量，能不能平衡自己的生活，今天想工作賣力一點就多做一點，今天想休息就做少一點。

假如這已經是年輕世代的勞動趨勢，服務業的經營者或主管該怎麼應對？

對外：有共同且清晰的戰略目標

以餐飲業為例，以往餐廳老闆最在意的是什麼？許多業者在意的是翻桌率越高越好，但也忽略了一旦陷入過度追求翻桌率的迷思，容易造成服務人員窮於應付。

很多消費者熱中跟著媒體或ＩＧ等社群的介紹挑名店吃飯，結果不管到哪一家，生意都好得不得了，門口大排長龍，好不容易排了一個小時、進店了，店家卻未必有人力及時收拾或協助點餐，最後花不到二十分鐘快速囫圇的吃頓飯。

有些業者很開心看到這些報復性消費，但因為無法掌握這種盛況會持續多久，他們只想抓住眼前的機會，先將「快錢」賺進口袋再說。打卡名店、網紅店的料理真的如此美味嗎？每個人對於飲食口味各有所好，值不值得花時間排隊見仁見智，但品質不佳的消費體驗，對業者和消費者雙方來說，長期來看都不是理想的狀態。

面對現在的消費型態，從業人員也要有不一樣的思維，利用這個機會，思考經營模式是否要做彈性調整，**例如採行「定量」或「限量」的銷售方式，或用預約制來維持數量和品質**，就是變通的辦法。管理者訂出明確務實的營業目標，讓績效指標具體化、合理化，員工就能知道為何而戰。

服務業缺工潮並不是台灣獨有的問題，例如隔鄰不遠的日本，媒體報導這幾年餐飲業的新人離職率超過三成、甚至新鮮人離職率近五成，在餐廳工作越來越難吸引年輕人，但有一家在京都的小店「佰食屋」卻逆勢發展，讓經營者、消費者、員工三贏。

原因說簡單卻也不簡單，佰食屋[注2]的店主人不追求「衝高單日業績」，商業模式反其道而行，每天營業時間限定三個半小時，固定供應一百份牛肉套餐，賣完也不追加。這個做法除了能精算食材、減少耗損，重點在於縮短工時，讓員工擁有更多的家庭時間。

經營者能同理員工的心態，用定量、限量、預約的方式控管來客量，一則賺到應有的利潤，二則確保消費者從進店那一刻就能得到好的體驗，三來也調整最適合的營運步調，讓服務人員可預期每天大概有多少來客，自己需要在哪一段時間內全力以赴，達標後就可以休息了，而不至於日日瞎忙。想像一下，當一家店突然湧進大量客人、一大堆人擠在門口排隊，別說消費者自己很掃興，店裡服務人員的壓力也會很大很焦慮！

餐飲業最忙碌的巔峰是中午十二點到二點半和晚上六點到九點，不少餐廳在周末與周間的高低峰差異很大，人力的調配需要更有彈性。經營者對員工的體貼不妨多一點點，讓員工在離峰時段有更多屬於自己的自主時間，或日常提供多元的教育訓練，讓員工在工作或生活上能有不同收穫，就不至於一成不變、工作心態疲乏。

至於同樣也面臨嚴重缺工問題的旅宿業，有部分業者為了緊急補上人力缺口，只好請員工一個人當兩個人用，或請實習生當臨時工支援鋪床和打掃工作。但業界也有另一種應變做法：為了穩定服務品質、確保品牌信譽，當服務人力不足，假設有三百間房，並不會賣到三百間全客滿狀態，甚至於只會開到兩百個房間。

我曾和一些國內外的飯店主管聊天，他們現在最在意的不是住房率，他們在意的是平均房價。即使住房率百分之百或百分之九十幾，但如果員工的工作量過大，每天人仰馬翻，看不到忙碌的盡頭，心理壓力難免不堪負荷、萌生退意，又怎會想長時間留在這個產業？對於消費者更不是好事，他會覺得付了這個價錢，卻得不到相對應的享受。

對內：提供「有感」的幸福感

國內的餐飲集團金色三麥對人力策略的經營就特別重視、著力很深，我看到他們的理念是「在金色三麥，不論副總、協理，所有管理者都當過服務員[注3]」，讓員工有彈性順暢的晉升管道，不會受限於年資而被卡住；二來，因為產品線多，他們也鼓勵員工在旗下品牌的職位輪調，磨練不同面向的職能。當一家企業能創造讓員工**看得見未來**的氛圍，人才留下來的機會就提高了。

佰食屋也好、金色三麥也好，雖然營業規模、企業文化各有不同，上述的做法不一定適用所有服務業者，但有一個觀念卻是共通的：**如何打造一個企業與員工共好的「利益共同體」。**

為了抓住人才，除了端出薪資福利、休假制度的「牛肉」，有越來越多的企業會將員工的心理健康納入人力資源的管理重點，例如美國運通在早期就導入「員工協助方案」（Employee Assistance Programs，EAP），提供員工關於個人生活、健康和工作相關的專業諮詢管道，也努力讓同事有各種轉調的機會，只要有心，不至於一成不變。或者像鼎泰豐開設健身課、提供樂活諮商，讓員工不是只能上跟職務直接相關的訓練課程，而是真的享用得到的全方位照顧，無後顧之憂——企業願意做這些投資的原因很簡單，安頓好員工，才可能安頓好客戶！

注1：〈缺工海嘯襲台——台灣工作大未來全追蹤〉，《商業周刊》一七八九期，二〇二二年二月二十三日。

注2：中村朱美著，《売上を、減らそう。たどりついたのは業績至上主義からの解放》，二〇一九年六月出版。

注3：高士閔，〈把人放在對的位置，比選對的人還重要——金色三麥 X TGI FRIDAYS 談缺工時代的領導學〉，《Cheers 快樂工作人》，二〇二二年，十二月二十二日。

應對缺工潮（下）：人力策略，破舊立新

企業攬才有自己的標準，同樣的，人才也想找對的位子，挑一家適合自己的公司。

服務業缺人，這已經是無可避免、鐵錚錚在眼前的挑戰，經營者必須看清年輕人找工作的趨勢，回頭思考，「那我準備好了沒有？能否具備新思維？」如果一味用舊觀念去看待未來的工作模式，當然只能永遠抱怨服務人員好難找，年輕人都不來！

在第一章〈為服務創造新價值〉曾提到，美國運通一直致力於讓「客服」成為創造營收的關鍵要素，此為這家公司能賺錢的利基，換句

話說，每一個客服人力都是寶貴的即戰力，不能輕易放棄。而這樣的企業核心文化，必須有效的傳達給我們的同事，進而凝聚出讓員工樂意在此工作的向心力。

我常在演講提到：「聽到美國運通黑卡，你第一個想到的是年費要十六萬；第二是，黑卡客服彷彿有著無所不能的能力。若外界對客服有這種評價，我的人就能被留下來。」

我們的客戶是頂尖的客群，但我們找新員工，重視「剛剛好的能力」更甚於「頂尖的能力」，找最契合團隊的人，幫助每一位員工把所長發揮出來，最基本的一點要求是：他必須擁有服務的熱情、擁有喜歡幫助其他人解決問題的熱情。關於這一點我們在後文會再詳述，但我想強調一個觀念：當「在美國運通工作」變成令員工引以自豪的事，也等同於為員工的「個人品牌」加值，魚幫水、水幫魚，就能更吸引更多人才進入產業，並願意留下。

工作模式彈性化，地點不僵化

除了企業形象、工作內容對個人生涯規劃能否加分之外，經營者也必須同理不同世代的工作慣性。

在疫情期間，美國運通和很多企業一樣，也採取遠距上班和混合上班的方式，漸漸的，即使疫情趨緩，我發覺「彈性化工時」已成為年輕世代習慣的趨勢，於是我們刻意將工作內容做了些調整，不見得每名員工每天都需要進辦公室打卡，我們修改辦法，讓員工一個星期只要進辦公室兩天或三天，另外兩、三天可以在家遠距上班。

那麼，必定有人會問，這麼一來，上班時的專注力會好嗎？其實只要設定清楚明確的員工 KPI 績效標準，讓員工工作有所依循，主管就不用太擔心。

以美國運通來說，我們評定 KPI 標準，其實最重要的是來自**客戶的滿意度**，而非單單只有部門主管訂下的目標。讓員工彈性排班，我們有基本的配套：第一是**建立支援群組**，當員工遠距上班碰到比較棘手、他無法處理的問題，可以在線上即時利用群組反應，獲得他需要的協助與資源；其二是**我們有即時性的工作系統**，無論有沒有進公司都可以知道員工上班狀況，主管能針對個人碰到的狀況提供反饋。

我認為與其抱持負面態度、懷疑員工會打混摸魚，不如先建立清晰的工作目標，有完整KPI指數能評估員工的工作表現，其餘的，就先相信你的員工吧！經過疫情這兩年多來的調整磨合，我們發現，實行這種混合工作模式，大家絕對可以做得更好，不僅績效半點不比之前差，當大家回到辦公室，同事之間會互相分享心得，提出不同於以往的經驗互相學習，許多同事也反應很喜歡這種有彈性的安排。

人才斜槓化，職場「世代共融」

此外，從找人的源頭開始，在應徵新人時也要思考能否有突破於以往的做法。舉例來說，這年頭大家很喜歡提到斜槓人生，對於個人而言，斜槓做得精采，既能增添生活豐富度也為個人競爭力加分；而從管理者的角度來說，斜槓型人才其實也是開拓企業攬才的好來源。

全世界許多服務業占大宗的先進國家，都不得不面臨少子化的問題，人口老化的嚴重性已經迫在眉睫，以台灣來說，早在二〇一八年左右就進入高齡化社會，更將於二〇二五年邁入超高齡社會——這代表十個人裡將有兩個人超過六十五歲！那我們是不是要提前應對，調整人力策略？有些工作的徵才可不可以把年齡標準往上拉，找社會歷練豐富、甚至是二度就業的熟齡人力？

一般企業的應徵主力大多鎖定在二十幾至四十歲的青壯人口，若有彈性工作，則外包給 part time 的約聘人員，或者年齡層往下找，與學校建教合作、找學生打工或實習等等，但對於某些和人際溝通緊密相關的工作來說，中年或甚至六十歲以上的熟齡人力搞不好更能勝任。他們有純熟的社會經驗，擅長人情世故的應對進退，樂意跟消費者互動，懂得消化人際溝通的壓力，但這個年齡層的人往往不想從事一份時間完全被綁死的全職工作。

對熟齡工作者或二度就業的人來說，能賺多少錢不一定是最在意的重點。他們要的是什麼？要的是希望與社會可以保持互動，尋找生活的動力，避免人際脫節。像是旅宿業這幾年缺工嚴重，晶華酒店就樂於僱用想彈性工作的銀髮族，他們採取計時或計次任務導向的方式提供報酬，並規劃合宜的福利制度。

對於這個趨勢，我們也秉持開放樂觀的態度，例如設計一些專案項目，找回曾在美國運通工作過、或因為家庭因素離職的老同事，如今可能因為孩子大了，有空閒時間，但又不希望朝九晚五的上下班，他們就很適合參與更有彈性的短期或短工時工作。我相信不同年齡層、不同背景的員工，透過交流可以提升工作表現，畢竟我們服務的客戶也來自各年齡層，有經驗的同事可以協助年輕的新同事更快上手，彌補社會歷練不足的部分。

要延攬不同年齡層的人力，管理者必須**將工作內容、流程釐清區分得更細緻化**，甚至換位思考，**打造更友善熟齡者的工作小環境**，降低他們進入職場的障礙。我覺得這是很值得努力的方向，也期待有更多企業投入，畢竟現今是服務產業必須面臨轉變的時刻，年輕人力的流失已經是整體趨勢，在短時間難以逆轉回流，要應對詭譎多變的產業結構，我們不能固守己見、繼續沉迷於過去成功的經驗。

在後疫情時代，經營者如果願意擴大徵才的年齡層，給中壯年、熟齡者更多機會，一方面善用年輕世代的創意工作思維，一方面結合資深同事豐富的社會經驗，讓不同世代的人力協同工作，也可激盪出新氣象，讓產業更活潑。充滿希望的職場環境正面發展下去，也才有可能吸引更多年輕人回流加入服務產業。

你適合做服務業嗎？

根據經濟部在二〇二一年的統計數字，台灣服務業的就業人口有六百多萬人，占總就業人口比率的六成，產值則突破十二兆新台幣。按照常理來說，不論是職前的教育體系或在職後的進修管道，都應該針對服務業廣開大門才是，但當我們仔細看各大專院校的科系會發現，與服務業直接相關的課程並不多，與產業界的現實人力需求有極大的落差。

如果再細分到服務業的分支，資源就更稀缺了，少有學校開設客戶服務這門課。我在大學演說時曾跟校方提議，應該要多開客戶管理課程，校方表示，學生連「客戶服務」是什麼都不知道，怎麼談「客戶管理」？

而台灣的大學教育又存在很難改變的刻板印象，大學生畢業後如果去當服務生難免自覺是「低就」，社會傳統價值認為讀完大學至少要當個儲備經理、儲備幹部，但現實是，能夠足以擔任儲備主管的基本能力，學校卻沒教過，從業人員往往只能靠自己土法煉鋼，整體水平想要比肩歐洲、美國、日本等服務業大國，起步上有點吃虧。

其實，所有產業都跟服務有關，每個人每天都在「服務別人」和「被別人服務」之間擺盪，客戶服務就存在我們的日常生活裡，只在於有沒有刻意去觀察，瞭解這一點，就能在自己所從事的產業中更精準的應對客戶。

多元特質，造就一個好的服務人員

什麼樣的人格特質適合從事服務工作？每個行業的標準多少有點不

同，就像我們的前線同事並非都來自旅行業，有人曾是職業舞者，有人來自銀行貴賓理財部門，也有人當過電視台剪輯、中醫師、空姐、太極拳教練。

當我一開始要籌備成立旅遊暨生活休閒部門時，全台灣沒人做過類似「白金秘書」這樣的行業，工作範圍廣、難度高，於是我開始思考，要找什麼樣的人來做客服？

好的服務人員最起碼要具備有三個Ｐ：第一個Ｐ是指專業（**professional**），針對所從事的領域具備有專業能力。第二個Ｐ是指主動（**proactive**），真正的專業要能化被動為主動，不只是完成客人交付的指示，還要能進一步與其對話，提出建議。第三個Ｐ是熱情（**passion**），也可以是耐心（**patience**），這是服務人員最重要的人格特質，因為服務業充滿複雜的細節，有熱情且保持耐性，方能樂於為客人解決問題。

以下就來談談美國運通客服人員的選才標準，讀者或許可以思考看看，這種類型的工作與自己是否個性相投。

一、抗壓性

當年從無到有要成立白金秘書部門時，並沒有相關的招聘標準，我們有八成的員工都是透過電話面試。首先，我們一定會主動告知對方，這是一份需要高度抗壓性的工作。當然，求職者都會說沒問題，因此我會設計幾個關卡來測試，例如我會故意突然接其他的電話，看看應徵者會繼續講還是先停頓；第二，我會請他在兩分鐘內，透過電話說說人生最得意的事情，或談一談展現抗壓性的具體例子，「你覺得自己能夠承受高壓，可不可以舉個例子？」從對方的陳述當中，我就大概可以理解他抗壓的程度大約是哪種類型、到哪裡。

二、有耐心

我會詢問應徵者：「你曾經做過什麼事情，必須非常有耐心的去完成？」這點可以算是所有服務行業的根本，對我們來說又尤其重要，因為電話客服是無法跟客人面對面交流的工作，你必須有耐性的溝通，導引客人說出他們的需求，以及了解他們所碰到的問題。就像我提到的，以前帶團旅遊，同樣的地方我可能走過很多遍，但是對有些客人來說是第一次，我必須站在「第一次來此地旅遊」的立場來換位思考，適時提醒對方。因此我們會告訴面試者：「從事這份工作要很有耐心，很多事情你要不斷不斷的去提醒客戶，而且講再多次客戶也未必會記得，你要不厭其煩去幫他設想。」

三、流利的外語能力與樂意自我挑戰

我們的工作必須經常與國際接軌，不論是與其他國家的美國運通夥伴們協同作業，或是與世界各地的企業組織聯繫溝通，多元且流利的外語能力都是基本要求。我們會用英文和應徵者做一下簡單的對話，然後測試一下溝通能力。如果是面向國內市場的服務業，對外語的要求就沒那麼高，但從競爭力的角度來看，有外語能力總是能加分。

另外，我會觀察來面試的人有沒有自我挑戰的意願，從工作的本質來看，我們永遠不知道下一通打電話進來，顧客的需求是什麼。美國運通的黑卡客戶普遍都有強烈的個人風格，我相信這對年輕人會是一種比較高壓的工作，他們要把自己壓縮在極短時間內快速成長，學會完善應對。

四、一定要有同理心

不論客人提出什麼古怪的要求，千萬不要輕易認定對方是「莊孝維」，因為這些要求都是客人真實的需求，不管是什麼超乎想像的難題，有同理心的服務人員會願意盡其所能，達成願望。

我常告訴同事：「不要忘了你所處的生活環境、社會經驗，你所看的東西跟客戶是不同的世界，所以你聽起來是無理取鬧、來亂的，對他來說卻是稀鬆平常的基本要求。那只是因為大家處在不同的平台上。」但這種工作也可以讓人打開不同視野，去認識在同溫層無法碰觸到的世界。我們面試時會想了解新進同事有沒有類似的經驗，或看看他之前如何應對挑戰。

五、高EQ

隨著市場環境的進步，各個產業為了趕上潮流，產品或服務不斷推陳出新，可想而知，消費者的期望值只會越來越高。在服務的過程中難免會碰到各種狀況，其中多數都是突發性的、不會表列在員工手冊或SOP裡。一個專業的服務人員，必須時時保持冷靜、知道怎麼跟客戶溝通，在最短時間內平撫客人的情緒，甚至於能敏銳的察覺客戶沒有說出口的需求，主動提供方法。

當客戶取得資訊的能力越強，他們願意留給你的時間就越少，會更急著看到成果、要求高標準的效率，但是對方越急迫，服務人員就必須表現得越冷靜。回應越沉穩，越能讓雙方的情緒不受干擾，避免對方氣急敗壞、火氣上漲。因此在基本職能之外，具有理性穩定的高度EQ絕對是必備要件。

六、具有服務熱忱

很多人問我說：「你在這個產業這麼久了，為什麼還可以保持這種工作熱忱？」一般面試新人都會看履歷，但我比較不看面試者之前的學經歷，而是將重點放在觀察對方的人格特質，在電話面試過程中，從應徵者的語調、用詞、表達內容，去感受他對這份工作是不是很渴望，對所有事情是不是抱持熱情。專業和技術可以訓練，但觀念和態度很難改變。

這些面試問題，你會怎麼回答？

「在你過往的工作經歷當中，你覺得表現最好的、最驕傲的是什麼？工作上有哪一件事讓你最感到自豪？」

這個問題很多人都講得很好，可以洋洋灑灑的回答，自己有哪件事情做得很棒、創造很厲害的業績或成果。對面試主考官來說，這也是一個問起來很愉快的話題。

我們會接著問應徵者：「可不可以跟我分享，你曾做過最糟糕的一件事情？特別是對工作表現非常不滿意、曾令你感到非常挫折的一件事。」很有趣的是，聽到這個問題，大部分應徵者會避重就輕，甚至有人會說：「好像找不到耶，我覺得沒有發生過。」

會這樣問，是希望了解在目前為止，應徵者有沒有思考過這類問題，能否誠實的去面對自己。每個人在職場中一定會有做對的事情，也會有做錯的事情，我在意的是，有沒有誠實面對之前犯的錯誤？然後針對這個錯誤或挫折，汲取了哪些教訓，能否提醒自己更進步。即使是現在，我有時候也會犯錯。犯錯不可恥，最重要的是從中學習到的經驗，可否做為未來提升工作表現的踏板，這才是我想了解的重點。

「我們要幫客戶安排所有行程，但是客戶到了現場check in才發現竟然很多環節沒有預定好。雖然之前並不是你幫這位客人安排、是其他同事負責的，但當他打電話進來客訴，你要怎麼去應對處理？」

關於這一題，我認為處理的結果對或不對，其實都不是問題。我希望能測試應徵者的第一反應，看他有沒有同理心，是否有足夠的高ＥＱ能迅速處理這些無法預知的突發情況。

我們每天要處理不同客人的不同需求，人有百百種，那些反應都不是在書裡或在員工手冊裡會教到的。我希望可以培養同事擁有解決現場問題的能力，可以很沉穩的接收到客人的需求，再非常冷靜的去釐清處理，或是當其他團隊成員有了疏失，大家能互相彌補、及時補救。

除了應對能力，對新事物有沒有求知慾也是我們很重視的。「你喜不喜歡旅行？去過哪些地方？去國外自助旅行的時候，曾碰到哪些是讓你最難忘的事？不管是好的或不好的經驗都可以。」

這是我很喜歡問新進同事的問題。我常提醒同事，要把客人的流失當作我們的大事，這代表要時時提升我們的服務機制，個人也要升級，能和客戶講相同的語言。因此保有學習熱情和求知慾非常重要，讓工作團隊有新的活水進來，激盪出新火花，然後可以一起做一些有趣的事情。

有趣，才會讓這份工作做得更長遠，然後才能讓員工、讓整個產業不斷挑戰新知，去碰觸新事物。

找七十分的新人

我常覺得「面試」這件事對主考官和應徵者雙方來說，都是一大挑戰，來應徵的人希望把最好的一面呈現出來，而主考官也希望在最短的時間找到適合的人力。負責面試的主管有一個很重要的任務：和應徵者談的時候絕對不要畫大餅，一定要如實把這份工作的快樂、辛苦表達得很清楚，要讓未來的同事知道他們將會面臨什麼挑戰，又會得到什麼收穫。

很多公司在應徵新人時，給了對方很美好的藍圖，卻沒有談及這個職務會碰到的困難和壓力。如果新進員工只看到企業名氣響亮、薪資很漂亮、員工福利很好等等，實際工作後才發現處處有挫折，不是企劃很難推，就是客戶太難搞，結果好不容易通過層層關卡招進來的人，經過一年半年就迅速流失了。有時候這不是新人抗壓性的問題，而是對工作的理解有很大的落差。為了不讓你的部門變成新人俱樂部、新兵訓練中心，在找人的時候，務必要盡力減低這種雙方期望值的落差。

我們找人的標準是七十分到八十分最理想，我不一定要找到一個一百分的全能型人才，應徵者有七十分以上就符合初步標準。為什麼？並不是因為我們不看重優秀人才，而是我們更需要「在對的位子放適合的人」。想想看，如果一個應徵者能力頂尖，優秀得不得了，你覺得他一進來就會特別重視這份工作嗎？當他自我評估能力遠超過這份工作的標準，很可能會覺得自己是屈就，不無可能將這份工作視為一個跳板、一個短期暫停區，只想利用這個機會再轉跳到其他地方。雖然對於每位員工的個人規劃或去留都該給予祝福，但關鍵在於：這份工作對於員工有沒有讓他們可進步、可發揮的空間？

合作默契，是最好的團隊黏著劑

也因此一個新人的起步點如果是七十分，對我們來說反而更理想。因為一個人對於一份工作的重視程度，會影響他的表現動力，當他珍惜這份工作，認為能加入這個團隊是滿懷期待、值得雀躍的機會，他會更積極去達到主管的期望，也會更努力跟著團隊一起成長。

公司花時間、力氣去投資員工，這是因為我們希望看到這名員工未來的潛能被激發，在這個地方發光發亮。**因此我們看中的員工，不是看中他的「現在」，而是「未來」**。

在我們團隊成立的第一天，我就跟所有新進同事說：「Welcome to join in our family！」我把團隊當作一個大家庭，把所有工作成員當作兄弟姐妹，比較早進公司的是學長姐，希望每一個成員都記得，進公司的時候如果受過學長姐的照顧，那請記得把這樣的DNA，把互相傳承、照顧後輩的文化不斷的傳遞下去。

每當我碰到新進員工，我第一句話都會問他們：「你覺得在這個地方，有沒有受到學長姐的照顧？」我們很多同仁都反應，在這個環境的工作氣氛很好，同事之間有一種互相照應的合作默契。

我相信所有管理者都希望自己的員工能適得其所、長久為公司所用，但我也想分享一個觀念：**服務業本來就應該是一個有趣的行業**，也因此，特別希望團隊成員能夠來自各方，有各式各樣的工作背景或生活背景。我並不希望周圍所有同事都來自相同產業，當大家具有不同背景、各有專長，思維就不會狹隘化，可以從不同面向交流想法，團隊文化就會更多元更活潑。

管理者要能夠提供一個公平的平台，讓員工可以適性發揮，將最好的部分展現出來，與其一心害怕員工跑掉，不如多鼓勵他有多遠走多遠，有多高飛多高。

組織文化的建立需要長時間的歷練和檢驗，但一旦建立了這種正面、可凝聚團隊文化，才能讓團隊走得更長更遠。

美國運通的新生訓練

因為業務屬性，我們的服務工作有很大部分必須透過電話、軟體或信件往來，才能與客人溝通。每一位接聽電話的同事，對外就是代表美國運通的形象，但因為無法面對面，只能透過文字和聲音，難以從肢體語言、臉部表情來判斷人的情緒，如果對方解讀不同或不小心有了疏忽，很容易對企業形象造成傷害，也因此我們每一位客服同事都需要長時間的完整訓練，而且從新人到可以正式上線只是一個開始，在美國運通養成一名獨當一面的顧問需要長達兩年！

前面提過適合從事服務業的人格特質，在此篇則從美國運通新進人員的員工訓練宗旨，談談一個服務人員要上線之前必須具備的職能條件。

培養聲音的力量，給予服務三寶

在美國運通，每一位新人正式上線之前會有兩個月的訓練期，從最基本的講話語調和態度開始做起。我曾經委請專業廣播人員來幫員工上課，訓練口條，讓男同事轉變說話的發音方式，希望聲音給人帶來安全感，而女同事的聲音則練習得更柔和。別小看聲音的力量，對於第一線服務人員而言，這兩種聲音特質可以讓電話中的會員聽起來心情愉快，進而降低服務的難度。

每一個服務人員所需要的專業技能，我們都會在這兩個月期間一一傳授，上線之前會錄下通話演練，找出盲點並加以克服。上線後我們會為每一位新人指定一到兩位業師，由資深同事從旁協助及傳授經驗。就在新人通過測試，正式成為美國運通客服人員之前，我個人則為他們準備最後一堂課：Austin Time。我會親手交給每一位新人服務三寶：一塊錢，代表一元復始；橡皮筋，代表保持彈性；立可白，有錯立刻改。這三寶包含著不同的意義，也象徵我的期許和祝福：

一塊錢：每一個新進來的員工都是從零開始，經由訓練開始擁有基礎的專業知識，我希望能夠提供每一個人公平的起跑點，就像新台幣的最小單位是從一塊錢開始，每一個新人的立足點都是一樣的，但這個基礎點隨著個人的成長，在數年之後各有所長，就有如一元變成一千，也可能變成一萬或者更多，個人的努力和投入會決定未來的成就，我希望每個人進來之後，在各方面都可以「賺」更多、收穫更多。

橡皮筋：代表的是要有彈性。就如同我們在〈無框架服務〉這一篇所提到的，服務業跟製造業不同，製造業講求絕對規格化、泰勒化，以不變、均一為品管標準；但服務業會因為所服務的對象而異，千百種人就有千百種喜好，就像橡皮筋一樣，不管怎麼去扭曲它、怎麼拉長去彈它，回復的時候還是保持原狀。教育訓練中所學到的是一個準則、是參考值，我希望同仁開始上線接服務電話時，除了能善用準則，還要加上個人的彈性去隨機應變。

立可白：我們在服務的過程中難免會犯錯，有時可能導致公司賠錢，或連累主管被客戶責罵，我常常看到我的同事自我要求很嚴格，做錯了自責很深，一連幾天很懊惱甚至走不出陰影，甚至懷疑自己的能力是不是適合這份工作。所以我常常建議大家，每個人都會犯錯，我也會啊，犯錯不是問題，就有如寫錯字馬上用立可白塗掉，但重要的是塗改之後能否寫上正確答案，你能不能從錯誤學到經驗，不再犯第二次的錯，由此變得更強大。

不能只有一次好、一人好

當我們的員工開始接電話，對外就代表美國運通，水準必須整齊一致。以前團隊規模還算小的時候，我都是親自做測試，常常設定鬧鐘半夜爬起來打電話進線測試，看看服務水準有沒有因為不同時間而有落差。

我不希望聽見客戶抱怨說：「我怎麼那麼倒楣，打電話去是一個菜鳥接的。」這也是高消費族群最常見的客訴：服務品質因人而異。一次好、一人好對公司來說並不難，能夠全年任何時間提供穩定的服務水準才是真功夫。

我們有非常多年資十年、二十年的資深同仁，他們都是隨著工作一天比一天成長，因為盡力正面迎擊困難的需求，才能從中得到成就感並延續熱情。每個人都有工作倦怠的時候，做服務工作尤其會感到挫折疲憊，這時候我就會為他們送上一句話：「**專業只能使你稱職，熱情才能讓你傑出。**」

培養人才的竹筍理論

有穩定的員工才有穩定的服務，我深信好員工會帶來好生意。

我們也經歷過金融海嘯時期，那時很多部門都不得不資遣一些員工，但我為此跟高層談了很久，讓他們明白要培養一個成熟的服務人員真的不容易！

每一名新進員工剛進來的前兩年，其實對公司而言是「虧」的狀態，因為要花長時間做教育訓練，新進員工還不理解產品，也難以掌握什麼是頂級服務，更別說進一步瞭解客戶的潛在需求，所以兩年之內都屬於投資期。兩年歷練下來，經過幾次淡旺季的輪替，能上手的員工對工作的大致雛形有基本認識，就能真正幫公司賺錢。

不只是美國運通，往往一家企業訓練一個好人才，要耗費如此資源；但要遣散一個人，卻不過只是一句話或一紙公告。

不論是金融風暴或新冠疫情，對於旅行業都是毀滅性的打擊，很多銀行都先砍除白金秘書的服務以省下成本，但我認為所有服務顧問都是公司的重要資產，於是我把同事召集起來，告訴他們公司當時情況：在客戶電話、業務量沒那麼多的情況下，我需要有一些人主動提出休半年無薪假，可以利用這段時間休息或充電，以避免到時無差別性的裁員。出乎我意料之外的，真有不少同事想利用那段時間到國外去進修，也有同事想趁此機會多跟家人相處，最後反而變成太多人力想休無薪假，需要再做調節。但無論如何，我很慶幸當時透過這樣的方式，把優秀的人才都保留下來。

很多老闆不想花時間做人才培養，覺得既要花錢又沒辦法看到立竿見影的成績，我在演講時把這種現象稱為「竹筍理論」。

大家都愛吃竹筍，長成竹筍的根部必須經過很長的成長時間，才能讓筍子冒出頭，但筍尖的部分最嫩，一冒出頭很快就被挖走了，沒冒出頭在土裡的筍子就沒人看到，這豈不是就像很多老闆不願意把力氣放在人力的培養上，因為「人」是最難管理又難以精準計算績效，栽培人才的成效不易馬上被看到。

好員工會帶來回購率

然而，人員的穩定度就代表服務穩定度，也進一步會決定客戶對你的忠誠度。我常以汽車品牌 Lexus 舉例，他們有個信念：用來評鑑服務成效的指標，不光是看第一次找他們買車的客戶滿意度，而是更重視客戶換車時還會不會繼續選擇 Lexus。我認為這是非常有遠見的衡量指標，客人購買該品牌的第一部車，可能是因為剛好做促銷、剛好有新車款，但當客戶要再換車的時候還願意持續購買，才代表產品跟服務都足夠好。

同樣的，我也重視客戶忠誠度勝過客戶滿意度，就如同前文講過的「鐵粉經濟學」，客戶滿意度難免因事、因人、因時而有所起伏，但只要顧客忠誠度夠就會願意回來。願意重複性消費的黏著度無法只靠折扣當誘因，即使是吃到飽類型的CP值考量也難以維繫，只有透過投資人才，塑造品牌價值，創造高VP值，這才是錢買不到的競爭力。

前面提到的鼎泰豐，常因為給予員工優渥的福利、「以人為本」的經營理念而登上新聞版面，而媒體最愛報導的角度之一，就是楊紀華董事長不想讓股票上市，因為他擔心股東可能不會同意他花這麼高比例的人事成本，如此一來便很難達到他理想中的服務品質。而另一家台灣之光、美國《富比世》雜誌調查「二〇二二年全球最佳雇主排行榜」，台灣企業的第一名宏碁集團，員工給予公司高評價的因素包括：理想的報酬與福利、提供公平的人才舞台、認同企業的社會責任形象等等，企業對人才的培育，顯然也帶動員工對品牌的認同度。同樣的，我也很感謝美國運通的公司文化，願意相信專業經理人，用心、用力投資在「時間」和「人」身上。

如何打造有向心力的團隊？

當一個領導者一定要有底氣，不論拿到什麼樣的牌，就算是一手爛牌也要能打出好牌。

前文提過，我找新人不會只顧著挑一百分的人選，不是我不看重好人才，而是有信心透過完善訓練，讓所有員工變得更好，因為我們看重的是員工的可能性，要「用」的是他的未來，找對的人上車對我們來說更重要。要組一個有活力的團隊，我認為要融合各種背景、特質，而且永遠不要怕去找比自己更強的人，要有胸襟建立讓年輕世代可以發揮的平台，即使自己的光芒會被蓋過，但幫助團隊成長，也是身為管理者的成長與成就。

一個團隊的成員不能全部都找「綿羊」，其中也要有部分「狼性」的員工，讓這些積極派的員工主動表達意見。在團隊中，**約有二成是服從性偏高的員工，六成不常表達意見，剩下二成需要常有各種異議想法的人**，各種風格都有，組織才會健全。

服務業是極度重視嫻熟人際技巧的產業，不管對外應對客戶或對內處理人事都是如此，這些年我除了自己帶人，也不斷觀察同業或各種主管的領導風格，以下是我歸納出一些帶領團隊的心得，包括幾個「要」與「不要」，不論是在哪種產業都可做為參考。

要講三十%就好，不要每次都給答案

身為團隊管理者，最重要的特質是「耐煩」，因為肩負規劃願景的責任，要多接納新知，策略要清晰，就像掌舵者，走在前面讓同事可跟從，並有學習的對象。同時，要有傾聽及針對事情講真話的能力，挑選成員時，必須試著喜歡自己不喜歡的人，不能有先入為主的偏見，針對不同個性的人採取不同的溝通方式，在溝通時要用員工聽得懂的語言。與同事一對一面談時，是可以深入了解對方的時機，必須要好好把握。

嚴格，是當一個主管的必要之惡，千萬不要一頭熱的感情用事，要實事求是，並應用客觀數據來管理。我們對於員工的日常表現只需穩定檢核，無須時時刻刻去緊盯，但管理者要注意兩件事：**第一是多注意異常的情形**，對任何異常狀況一定要追根究柢；**第二，三不五時留心抽檢細節是否到位**，細節很重要，服務水準的誤差常常就出現在細節裡，有時候多做一步就可以讓結果大不相同。

每當同事來問問題，你要習慣被打擾，但所謂的「耐煩」，還包括你要有耐心訓練員工，記得先給方法，而不是為了省事直接去出答案，從中培養員工勇於擔當的思考能力。在培訓員工時，謹記不要用 Why 開頭，多用 What 或者 How 開頭，讓員工講七十%，主管只需講三十%。

下決策要基於客觀邏輯，不要太依賴經驗

管理者不能過於依賴自己的知識跟經驗去下決定，要針對事實來決策，換句話說，**不要用昨天的成功經驗去解決明天的問題**。例如以前我們的新人進來都要學機票的票務，票價計算很複雜，同事要花很多時間，也容易失去自信，最後我決定新人不需要先上票務課，因為根據統計，我們有七成的客人都是點對點飛行，一開始就要員工學環球機票怎麼開、票價怎麼算，距離日常業務的需求太遙遠。不做虛工，先切入最關鍵的業務重點，才能創造最大的績效。

如果同事的某項業務需要改進，可以引導對方：「如果你可以重新再來，你會如何做決定？」但一旦碰到需要主管下決策才能推進的事務，我自己習慣會盡快、果決的做決定，因為多數時候，下錯決定會比

過度拖延、不做任何決定來得好。

要把員工當重要的內部客戶，不要居功

要關心你的員工。這個關心不是形式上的問候吃飽了沒，我們常常要求員工要去關心客戶，卻忘記了員工就是你最重要的內部客戶，應該要好好去關心他、理解他的需求。因為新冠疫情，我們實施輪流進辦公室的排班制，不管其他人怎麼排班，我自己每周至少進去辦公室兩、三天，盡可能和不同同事保有互動，不管在業務上我能否直接幫上忙，至少也要跟他們聊聊天，問問有沒什麼困難之處，或最近有沒有印象特別深刻的客戶等等，讓員工知道老闆是關心他們、支持他們的。

把員工當作你的客戶來關心，員工才會把客戶當作他自己的客戶，當多數員工願意把公司的事當自己的事，你就成功了。

此外，榮耀要歸給員工。主管要學會不好的自己承擔，責難自己扛

下來，這一點很難，通常都是榮耀老闆全部拿走，錯都是員工的疏失。所以我常常讓第一線員工來分享他們做得好的案例故事，時時表揚最佳員工，讓每一位從事服務業的人覺得很驕傲，令他們相信可以用自己的專業幫助別人。

第一線員工直接面對客人，所有的挑戰與責難都是他們在承受，身為主管，責無旁貸要讓員工擁有成就感，並要讓他們安心，遇到困難、犯錯時，都知道有你在背後支持。

要止住謠言，不要拉幫結派

主管也有要避免做的事情。首先，不要拉幫結派，公司裡如果有派系，一定是主管造成的。在公司裡，一定會碰到很多同事之間的閒言閒語，我用一個方法，從此之後省掉很多麻煩。有一次當A來找我講B不好，我直接把B找來，請A把剛剛講的事再講一遍，他說話的語氣激烈度瞬間就降低八成，從此再也不會有人來我面前說三道四了。

當遇到衝突時，該如何化干戈為玉帛？我的原則是「**先事件後情緒**」，員工與員工之間起衝突時，必須先處理引發的衝突點，待事情處理告一段落後，再來處理員工的情緒，同時讓同事之間的謠言就停止在主管這裡。如果是主管與員工間的衝突，當主管必須要有更大的容忍度，絕對不能當眾辱罵員工，以免贏了一時之氣，卻會失去團隊的心！

要打造明星球隊，不要偏愛「球星」

其次，主管不要太偏愛明星員工。在公司裡常常會有一、兩個員工表現特別好，如果主管偏心得太明顯，對他和對團體都不是好事，容易讓員工太自負，自認為業績好都是他個人帶進來的，這絕對會對整體工作氣氛造成負面影響。

就因為這個緣故，我也曾砍過幾個別人眼中的明星員工，當時連人資部門都覺得很訝異，但我堅持在會議上對所有人說明：「與其有明星球員，我更想要明星球隊。我知道某同事很優秀，但是我們全部的人都應該要一起變得更棒！」明星員工得寵，對我們這樣的企業而言是短多長空，事業要做大，需要的是團隊，而非特定某一個人，也許某些行業會需要打造超級業務，讓競爭帶來高業績，但在我們這裡，好業務絕對不等於好主管。

一名員工加入一家公司，一開始的動機皆是為了企業品牌、福利和薪資制度，但如果中途選擇離開，扣除個人規劃等因素，往往最直截了當的原因是因為「人」——通常跟部門主管的管理風格有關，也許是這名員工在現有的職位看不到未來，在團隊中感受不到值得學習的人或事，或甚至認為組織對他不公平等等。

也因此，我也常自我提醒，一個領導者，無論如何每天都要給自己留白的時間，好好沉靜下來，思考一下股東、顧客和員工，路才能走得長久。

如何投資笑容？

我演講時常有聽眾問：「老師你講的這些服務故事好精采，但好像都是對頂級客層才有用，一般中小企業怎可能有資源能做得到？」其實不然，故事裡的客戶或許是高消費族群，但服務的原理都是相同的，服務業最重要的是態度，能定義「好服務」的不是客人的消費力，也不論你的職位高低。

我常用來當案例的曼谷東方文華酒店，已經有一百多年的歷史，從硬體上來看理當是很舊的飯店，但它在全世界的飯店排名卻總是名列前茅，歷史反而為它增添故事風采，為什麼好評價能夠長年不衰？以我個人的經驗來說，我入住時都會預訂飯店的機場接送，一抵達飯店門口，門僮拉開車門第一句話是：「Welcome home, Mr. Wu.」因為他事先就會記下今日抵達客人的時間與車號，一看到車牌就知道車上的客人是吳先生。這看似小事的細節並不難，惟用心而已，但這位在飯店職級不高的門僮，卻讓住客在進入飯店之前，已經留下好印象！

門僮就是飯店的門面，很多歷史悠久的飯店，都有幾乎是做一輩子的資深門僮，雖然他們日復一日看似做著送往迎來的工作，卻受到管理層與酒店常客的敬重，**所謂的好服務就是細節的總和**，如果你只認為自己是小螺絲釘，做得好不好沒人看得到，不但個人職涯很難得到晉升，企業整體的服務品質也不會好，工作人員尊重自己的專業，讓客人享受到專業的服務，才能步入正向循環，而這不管在任何一個位置都可以做得到。

熱忱，是教育訓練的重要環節

服務業有許多基本原則是從上到下一體適用的，以飯店來說，不論你是門僮或是總經理都該具備，例如，微笑。

我曾受邀去某家五星飯店當神秘客做評核，最後我給了一個不及格的分數，事後該飯店的總經理很沮喪的帶著一級主管來致歉：「Mr. Wu可否再給我們一次機會？」我說很抱歉，照審核的規章就只有一次機會。

他接著問說：「可不可以告訴我哪裡做得不好？」

我告訴他：「先不論你們飯店對於服務客人的標準作業流程是否到位，單以客人的體驗來說，我沒看到工作人員服務時的笑容，這可能代表教育訓練沒有做好，或服務人員根本就不喜歡這份工作，用應付了事或很有壓力的態度做事，自然無法提供讓客人放鬆的好服務。」

服務的時候帶著微笑是很重要的，要跟客人面對面接觸的行業是如此，無須面對面的服務也有其需要。即便疫情後遠距工作普及，很多人覺得隔著網路就不用那麼講究，但我們卻不是這樣想的，美國運通的服務顧問都是透過語音跟會員溝通，我常跟同事們說，雖然我們的工作不會跟客人面對面，但會員仍會清楚感受得到你的情緒，**最好在電腦前面擺一面鏡子**，你是不是笑著跟客人講話一看就知道了。

一面鏡子才多少成本？不需要大企業也投資得起。其實服務業普遍來說門檻並不高，不像半導體，一個國家只能有幾家大廠，然而跟所有人生活相關的內需產業，靠的便是這千千萬萬間的小店家，行業之間並不存在無法跨越的鴻溝，當同一個市場有人賺錢有人賠錢，肯定是因為賺錢的人做對了某些事，特別是一些看似不起眼卻需要日積月累的小事。

不少服務業的標竿企業會認為員工的笑容是值得投資的，前面我提到的東方文華酒店，或同為頂尖飯店的半島酒店，他們都很擅長讓員工即便在同一個崗位工作一輩子，卻永遠不失熱情、樂在工作。除了高於同業的薪資與福利，更有許多員工是兩代或兄弟姐妹在一起工作，讓職場有家的氛圍。

每回去鼎泰豐用餐，無論總店還是分店都是人潮滿滿，但你會發現等再久消費者也願意拿單子排隊，食物做得好是當然的，但難道沒有店家比鼎泰豐做得更好吃嗎？當然有，但鼎泰豐的好服務讓它無法被取代。去鼎泰豐吃一頓飯的期間，我們在現場會發現服務生勤快的招呼，隨時將用完餐的盤子收走，空杯加茶水……其實餐飲業為了拚翻桌率，這些都是很常見的做法，但不同的是鼎泰豐的服務員永遠帶著親切笑容，動作也溫和有禮，讓客人不會感覺到被催趕的緊迫，在達成翻桌率與業績的同時，也兼顧客人的感受。

這種細節是由紮實的訓練堆積起來的，為此鼎泰豐甚至找劇團老師來教員工練習笑容，讓員工學習怎麼樣的笑看起來最舒服，不會讓客人有制式虛假的感覺。

千萬別小看員工個人的情緒表現，笑容營造氣氛，從微笑這種細緻的小地方做起，每一名員工看待工作、對待客人發自內心的熱情，可以造就巨大正向的企業形象。

如何檢核熱情？

在第一章我們談過以賓客至上為核心的日式服務，相信曾經去日本旅遊、住過傳統溫泉旅館的人多能感受這種無微不至的服務精神。位於北陸地區石川縣的高級飯店加賀屋，是箇中翹楚。在《加賀屋，與形形色色人生相遇的旅宿》一書談到，「均一的服務是信賴的基礎，日本加賀屋的待客理念很簡單，對任何人都是品質一致，這也是每年二十二萬人次旅客安心投宿的主因。注1」卓越的服務除了要高標準，更困難的是數十年如一日的穩定，難怪這家旅館能連續四十年稱霸「專家嚴選日本旅館百選」榜單。

質和量的一致性，是服務的重要核心，但層層落實，要長久而穩定的執行卻相當不易。每一家公司都會設計服務流程，標準都差不多，理論上只要照表操課，服務品質不應該會有落差，但現實上是時間一久，基層執行容易產生偏差。例如員工今天要打十通電話給客戶，可能前面兩、三通內容都符合標準，到了第四通語氣就開始不一樣，這是很常見的狀況，那麼該怎麼維繫品質？

能否用初心對待客人？

在美國運通，我們同事每天幫客人訂餐廳、訂花、解決生活大小事，久了也會覺得無聊。我總是提醒同事說：「對你來講，可能今天只是你訂這家餐廳二十次的其中一次，但或許是對方很重要的日子，你的日復一日，對客人來說卻是難得的第一次。」

早期我在當領隊的時候，常帶客人去美國看大峽谷。我第一次到大峽谷的時候，深深為那壯觀的風景感到震撼，我跟客人一樣很感動、很驚豔！但那一年同一個地點我去了十次，到了第五次，看到客人讚嘆不斷，我開始心想，「有這麼誇張嗎？」

感覺變了、口氣也變了，於是我不自覺就用平淡的語氣介紹：「這是大峽谷，接下來一小時自由活動，你們在這邊照照相，時間到了我們在這裡集合。」

客人問我：「你難道都不覺得這裡的風景很美嗎？」我客氣的回說，我已經來很多次了。沒料到客人告訴我：「你或許來過很多次，但對我們來說是第一次，你帶我們來，應該要假裝你也是第一次啊！」

我當下覺得很慚愧，怎麼會讓客人教我如此基本的道理！領隊服務是一種工作，帶動旅行的氣氛，讓旅客留下永生難忘的印象，也是我們的工作之一，就算演，也要演得像！此後每次帶團，我都提醒自己，我的一〇一次可能是對方的第一次，永遠要記住自己第一次看到這片風景的感覺。

也因此我一直強調服務好或不好，在於能否設身處地、多為客人著想那一分兩分。細節要每一次持續做足，未必得砸大錢在硬體上，多數時候跟企業大小也沒有直接或絕對的關係，而是需要給員工更完整的教育訓練和心態建立。

能否讓成長型思維成為共識？

有句話說：「貧窮限制了我們的想像。」然而在服務業，我認為心態致勝，自我設限的心態會阻礙成長，成長型思維必須從團隊核心開始建立。

例如一家旅館業者如果自認為小本經營、沒錢投資，永遠只把自己定位在三顆星的等級，就限縮了發展的可能——雖然設備只有三星級，但服務可以做到五星級啊！這麼說並不是要業者盲目去滿足客人所有需求，而是不妨打破「只是三星級，賣給客人的服務這樣就夠了」的迷思。

有些三星級的日本商務旅館，針對各種客層提供多元的服務彈性，像是開放更多入住和退房的時段選擇、有體貼女性的專用樓層、給客人挑選各種材質枕頭、床鋪配置可因應不同人數做調整、規劃放大型行李箱的空間、讓身障或高齡人士無障礙的通用房等等，細膩品質就呈現在這些對旅客的體貼之中，他們的服務就超越了原本的硬體規格。

又例如民宿業，經營民宿與飯店有很大的不同，許多民宿主人一提到服務，第一直覺就認為「我們哪可能像大飯店一樣」，其實經營民宿可多著墨的是主人的故事和特色，做得好，客人反而很容易近距離感受到服務熱忱。我看過許多成功的民宿主人，因為樂於跟人分享，服務優質而長久獲利。

除了走熱情分享路線的民宿，也有的民宿主人選擇另一種體貼——投資在「無接觸服務」，讓住客提前收到入住的密碼、清楚的設備使用說明、可即時回應的管家社群聯絡等，這種設計在疫情期間大受歡迎，即便費用不比旅館便宜，但依然可以提供「人不在但服務在」的好感受，只要有口碑，大家還是願意去住。

無論產品怎麼賣，先將具有熱忱的團隊文化建立起來，讓員工保持正向的個人心態，自然可以拉高企業形象，再反映到員工的工作穩定上。

長期＋隨機檢核，並即時反饋

回到對於服務水準要如何長期維繫的討論，在服務業，採用「神秘客」的方式去突擊檢驗服務有沒有到位，這是必須長期持續做到的基本功。

在美國運通，設有專門的稽核人員來檢視員工的表現，等於是QA（Quality Assurance，品質保證）的角色，比如說每位員工的服務電話，一個月要隨機抽檢聽數次，看品質夠不夠好，處理的效率是否令客人滿意等等。在很多企業可能是由部門小主管來做第一線員工的考核，但無論如何，品質管控都要確實。

以美國運通來說，只要客訴案件反應到了主管層級，就必須要在二十四小時之內登記列管，我們會統計每個月的客訴案件有多少？總量有沒有下降？然後依照每一個客訴案件的內容做分析，究竟是因為產品的因素，還是服務的因素造成客人不滿？根據產生問題的原因，提出改善計畫，不拖延及時調整。

注1：細井勝著，洪逸慧、嚴可婷、李建銓等譯，《加賀屋，與形形色色人生相遇的旅宿》，二〇一六年六月出版。

宛如信仰的團隊力

要如何激發員工維持源源不絕的熱情去提供服務？在美國運通工作的人，尤其經常被問到這個問題。

「因為這是我喜歡的工作。」有一年美國運通的台灣董事長Kenneth被問到如何在工作與生活中保持平衡，他說：「當你在追劇時，可以連續十幾個小時不休息，這樣有平衡嗎？沒有，但因為你喜歡，所以願意犧牲其他的時間來做這件事。」

有玩過骨牌嗎？建構團隊文化就像搭骨牌一樣耗時耗力，骨牌要慢慢堆成一個大的圖案，可能完成需要花兩、三天，推倒卻只需要一根手指頭及一瞬間，成功，是一個團隊不間斷努力所堆疊的結果，需要有如信仰一般的熱情投入。

當你對工作有熱情，就會產生動力，願意多做一點，願意不厭其煩的去找資料、提方案給客戶。

把稀奇古怪的任務當作挑戰

我們曾有位會員提出一項很特殊的需求，希望安排他的孩子到海外體驗採松露，以完成學校的研究作業。這一聽就知道並非是在網路下訂、付款就可以成行的標準行程，我們同事花了整整三周時間聯繫安排，且基於國外廠商有商業機密考量，會員一家必須簽下保密協定，才能前往義大利的法國松露產區，和松露獵人一同採集黑松露和白松露。我們努力達成客戶的願望，也獲得不錯的回報，單單這趟行程，就為公司帶來上百萬台幣的業績。

另一位會員子女的學校作業則是要探討歐洲宗教改革的脈絡，但孩子實在摸不著頭緒，只好轉而找我們求助。同事接到需求後，馬上研究宗教改革的歷史淵源，為這家人規劃了一趟義大利羅馬的文藝復興深度之旅，當會員返抵國門，接到同事歡迎回家的致電問候時，忍不住立刻分享子女充實的收穫與喜悅。

也曾有會員只是單純想試試，美國運通是不是真的像廣告中所說的使命必達，他來電表示，看到某銀行門口的大理石，很想要買下一模一樣的花色，於是拍下照片給我們，希望可以幫他買到。我們的同事把會員的隨口說說當作自己的事，真的努力完成了他的託付，也得到這位會員此後無條件的信賴。

的確，在我們團隊的日常工作中，總有一些聽起來像是「不可能的任務」，按照一般職場的工作邏輯應該是：「這是無理的要求吧」、「怎麼可能做得到，對方會同意嗎？」然而這類質疑往往是消磨工作熱情的殺手，如果一個團隊在嘗試挑戰之前老是先說「不可能」，踏不出舒適圈事小，久了很容易變成因循苟且、只懂照本宣科而失去熱情的組織文化。我很慶幸我們同事碰到上述這些挑戰，是先勇於思索「可以怎麼做」，而不是先想「這需求太扯了」。

找到對的人，共享對的文化

正向的企業文化除了凝聚內部，核心精神亦能外擴帶動外界認同。在美國西部異軍突起的連鎖咖啡 Dutch Bros 就是很有趣的例子注1。這家在美國咖啡零售市場快速成長的品牌，一九九二年在俄勒岡州以社區型的手推車咖啡創業，二〇二一年在紐約證交所上市，以「得來速」（開車外帶）的銷售駐點在美西攻城掠地，如今據點已逾五百家。

Dutch Bros 的訴求包括速度、品質和服務，這三點在餐飲業聽起來並不算特別，但它的特色在於以「外向、樂觀、愛和謙遜」等關鍵詞為核心理念，打造出一種宛如宗教般的另類咖啡文化，高度凝聚加盟商和員工，讓企業精神內化成生活信念，進而帶動加盟夥伴的致富商機。

Dutch Bros 認為，公司固然可以教會每個人煮好一杯咖啡，但更重要的是面對顧客時能否提供好的服務，在招聘員工時，最重視的是應徵者是否具備上述那些正向的人格特質。根據《富比世》報導，哈佛教授馬戈利斯（Joshua Margolis）曾分析：「一般咖啡店會強調咖啡品質或客人坐在店裡的氛圍，但 Dutch Bros 的策略重點是與人們建立關係。」Dutch Bros 的咖啡師不叫 Barista，稱為「bro-istas」，他們會記住顧客的偏好、保持友好關係，甚至於在顧客有困難時贈送免費咖啡，讓對方感到備受關心！而開放加盟的條件也很嚴格，必須是在公司工作三年以上的老員工。也因此媒體戲稱 Dutch Bros 有如「咖啡界的邪教」——將 Culture 變成「Cult（異端、邪教）」，把員工和加盟主暱稱為「Dutch Mafia（荷蘭黑手黨）」。

對外，關係行銷很成功；對內，將員工團隊合作、教育福利視為重要的管理績效，可想而知，這個品牌從員工到顧客都穩如信徒！

我已經在美國運通服務了三十多個年頭，工作上也會碰到挫折，服務業的工作很瑣碎，當熱情耗損，初心顯得很重要，就如同享譽國際的江振誠主廚在紀錄片《初心》提到的，想想我們踏入這個行業的初心是什麼？而我的初心便是「Best for the Best.」。

我們找最棒的同事，給予最棒的訓練，提供最棒的服務給我們的會員。我一直保持熱情，是因為喜歡這份工作，已經把它變成我生活的一部分，不管在行業裡多久，莫忘初心。

注1：

(1) Susan Adams, "The Coffee Cult: How Dutch Bros. Is Turning Its 'Bro-istas' Into Wealthy Franchisees", 2016/06/15, (https://www.forbes.com).

(2) Gianna Chen, "What's So Great About Dutch Bros?", 2018/03/02, (https://spoonuniversity.com)

(3) 楊晨欣，2021/09/22，《從推車起家，「咖啡邪教」Dutch Bros 為何能吸引到一批如信徒般忠實的消費者？》

授權的黃金三角

構成優質服務團隊有三個要件：**能力**、**信任**與**授權**。

在職場很常會聽到有人感嘆說：「都是主管沒有給我機會，讓我沒辦法發揮，其實我的實力不止如此啊！」也常會聽到主管抱怨：「我這些同事都不願意主動多做一點，把我累得半死。」為什麼會有這種情形發生？原因之一，在於主管是否懂得授權。主管沒有授權，自己做得很累，同事又沒有成就感，雙方都不滿意。員工覺得主管授權不夠，主管覺得員工能力不足，是管理上很常見的問題。

要培養員工具備獨當一面的能力，充分授權很重要；同樣的，員工也要積極表現以贏取信任，才能獲得更多權力，並提升自己的能力，這是一個黃金三角關係。

旅遊暨生活休閒服務部門剛成立時，因為才剛開始實行二十四小時服務，我常在半夜接到員工的電話，詢問該如何處理突發性問題，這種情形每周會發生三、四次。我心想：「我真有這麼重要嗎？為什麼他們都不敢決定要來問我？難道不能放手讓他們去做嗎？」

有一次，一位白金卡會員在某家百貨公司的超市消費超過百萬，因為金額太大，授權部門的員工跟客人說，要先問過老闆才能決定。當下，客人說了一句話，我到現在都忘不了。他說：「我刷我的卡，花我的錢，還要你的老闆同意？你老闆要幫我付錢嗎？」我覺得很有道理，於是就告訴員工說：「沒關係，以後你們做任何決定我都准許，不要再叫我起床就好。」

碰到一些狀況，員工一定會有些遲疑：「老闆講真的假的？」擔心如果做錯事，主管肯定會罵人，後來他們發現做了一次決定、第二次決定，即便做錯了主管也沒罵人，他們就會越來越敢於承擔責任。一個主管要適時授權，要願意相信員工，不妨從小事開始實行，讓員工有勇氣、有動力再多做一點，隨著經驗堆疊，他的能力就會彰顯出來。雖然過程中一定會犯錯，但是身為管理者，本來就是要有能力接員工掉下來的球，這是主管的責任，職位越大接的球越大，扛的責越大。

盡量讓員工證明自己，取得主管的信任，在團體中建立起勇於挑戰、盡力嘗試的工作氛圍，由小幅度授權、中等授權到大範圍授權，讓員工有更多成就感。前提是管理者永遠要信任同事，因為沒有哪一位員工想故意把事情搞砸，沒有哪一個人不想要把事情做好。

讓授權、能力、信任的金三角產生正向循環：員工有能力，才會進入團隊；主管授權，員工才有表現；當員工有表現，主管自會更信任，也就授權更多。

「授權」彰顯能力，「能力」產生信任，「信任」得到授權，這對服務業尤其重要，因為員工站在第一線，如果什麼事情都要問過主管才能做，客人大概早就跑光了，更不用講提升業績。

允許犯錯的互信文化

要讓服務團隊的工作質量穩定輸出，不是靠主管每天從頭盯到尾，而是要形成團隊文化才能持久，我的做法是：先從允許員工犯錯開始。

服務業細節很多，協作的部分也多，傳統的價值觀向來是「客戶第一」，但我認為如今一個好的領導者必須有「員工第一，客戶第二」的信念。如果在工作現場常發生這種狀況：只要有錯，都是員工的錯；所有的對，都是老闆英明，長久下來，員工跟主管（或老闆）就會有距離，彼此之間很難有互信。

另一種情況是每當碰到組織運作或工作模式必須改變，但同事一時半刻無法接受新做法，或工作品質無法達到標準，管理者必須明快做好「衝突管理」。關鍵在於，建立起員工願意和主管說真話的環境，**要將「溝通打氣」與「問題檢討」明確劃分開來**。

認錯大會，也可以充滿正能量

在公開的辦公室裡，走到員工身旁一定是打氣、鼓勵與傾聽，詢問大家需要什麼幫助，至於針對個人表現的檢討面談，則建議私下另約時間到個人辦公室內深談。要是員工常無法捉摸今天主管走進來是要鼓勵大家，還是破口大罵，那就不會有人願意和主管吐露心聲、說真話了！

鼓勵員工多去嘗試很重要，不敢嘗試、不經歷失敗，就不會得到經驗，因為破壞才能創新，犯錯才會成長。曾經有一位員工，因為他犯的錯讓公司一次賠了三十萬元，雖然這筆帳由公司吸收，但他很自責，哭了好幾天。後來在一次會議上，他當著所有人的面說：「老闆，請相信我，我一定把這三十萬賺回來！」這句話感染了現場所有人，大家都說要幫他！我當下很感動，這比我在台上說教有用太多了。

一個人犯錯，要讓所有人能一起學習，否則這次你錯，下次換他錯，只會沒完沒了，所以我們會把錯誤當成個案研討，公開讓大家討論，因為成功可能來自於運氣，但失敗總是來自於反覆的錯誤。

當然主管一定要保持寬容，容許員工犯錯，也要讓員工深信主管不是藉著檢討之名行責罵之實，公開透明的檢討才能持續學習。

雖然我們常說「責備員工要在暗處，鼓勵員工要在眾人面前」，但有段時期同事的出錯率實在太高，講了又講，不是做錯就是忘記，那段時間我覺得自己好像在打地鼠一樣，這個做錯敲一下、那個做錯敲一下，疲於救火，看起來忙得半死但一點成效都沒有。我覺得這樣下去不行，於是我決定在開會時請犯錯的同事上台分享、做成案例分享：為什麼做錯？接下來要做什麼改變？其實我也理解，當眾「分享錯誤」對於人性實在是很大的考驗，一開始其他主管級同事都說這太為難了，畢竟要讓一個人在一百多人面前上台，坦白跟大家承認錯誤，壓力真的很大。

其實這個會議的重點不在於究責，更不能變成批鬥大會，而是我希望除了降低錯誤率，也期望能鍛鍊同事們的心理素質。剛開始要舉行這種會議的時候，很多同事說只要想到隔天要上台，前一天晚上都睡不著，所以我就從自己先開始示範——我向大家道歉，因為沒有哪一個主管永遠是對的，工作上我也會犯錯。我在會議上率先說，自己下錯了某一個決定，讓大家白忙一場，必須跟大家道歉，自己以後下決策之前會多思考必須投入的人力，珍惜每位同仁的工作時間。

釐清誤區，才好擬定對策

同事們看到我的示範，體認到老闆要的不是檢討，而是共同找出以後如何改進的策略，慢慢的，我們建立起一個暢所欲言的「認錯制度」。

大約經過半年，大家真的都把彼此的錯誤經驗記在心裡，效果非常好，我的用意自然也達到了，我想要提醒大家，可不可以從工作上的錯誤學習經驗？如果主管看到員工犯錯，只是把人叫到辦公室裡面罵一罵，其他員工不清楚前因後果，也未必能避免重蹈覆轍，透過這種錯誤分享會議，我們把「錯」轉成「對」，後來狀況改善之後，認錯會議就取消了，但若是哪天錯誤率又增加，重新再舉辦，同事們也會正面看待，而不是當作罵人究責大會。

我曾經在一場演講中分享這個認錯制度的故事，老爺酒店集團的沈方正執行長聽到後嚇一跳，他說服務業裡敢這麼做的人實在不多，但聽完後認為這是不錯的做法，自家也可實行呢！

從 Mr. Sorry 到 Mr. Thank You

旅遊暨生活休閒部門剛建立時，我每天大約要處理十件以上的客訴，問題包羅萬象，像是會員問秘書說：「我想要買 Issey Miyake（三宅一生）的衣服。」服務人員問：「Isimiaky？請問怎麼拼？」對方停頓幾秒：「算了！叫你們經理來聽電話！」這個經理就是我，電話接起來我一定是先說 sorry，再聽他抱怨指責一番。下次他又再打電話來，也不多廢話，直接說：「找你們主管，就上次一直跟我說抱歉的那個！」於是我變成了 Mr. Sorry，人家已經忘記我叫 Mr. Wu。

同事一天到晚被罵，不僅部門的士氣跌到谷底，連我都對自己的價值觀產生懷疑，我覺得負面能量過大，於是把同事們都找來開會，說這樣下去不行，一定要做出改變，「我決心要把自己從 Mr. Sorry 轉變為 Mr. Thank You，請你們支持我。」

員工很納悶，什麼是 Mr. Thank you？我解釋說，我希望以後客人打電話來找我時會說：「吳先生，我想跟你說，你們那個 Amy 或哪一個人服務非常好，表現得很棒。」於是我會回對方說：「啊，謝謝！」

把客人的抱怨轉化為主動讚美——這正是我們當下的藍圖，我們當時要努力達成的目標。

你學、我習，勾勒有誠意的願景

一個主管的主要工作，就是無論什麼時候都要給出清晰的藍圖，讓團隊成員知道努力的方向，除了業績目標，也把抽象的宗旨化為具體可行的方案，不論是高階、中階主管或部門小主管，甚至於我們在職場上碰到任何問題，都要維持理性從根本去思考，往前看，是否有明確的方針？遠程、近程目標是什麼？往回看，能否用正面心態就事論事、釐清痛點？如果客訴的頻率提高，就開會找出除錯的方法；若客戶滿意度調查不夠理想，就討論如何提升服務效率或細節……最怕的是所有人全都陷在負面情緒裡打轉，這就很難找出問題的解方。

像是服務業最頭痛的人力資源問題，缺工問題不是疫情後才出現，長期以來服務業最難的問題就是流動率很高，因此我時常思考：如何擁有穩定的員工，讓他們願意跟我工作。

以前曾有一段時間我們的白金秘書成員流動率很高，大概每兩年就有人想要異動，其實這也很容易理解，第一年進來的員工很興奮，因為他可能沒做過類似的工作，可以協助客戶訂奢華酒店、高檔餐廳，這些場景在以前都只是耳聞傳說，現在每天在現實生活中上演。到了第二年，如果老是幫忙訂同樣的飯店，自然很難產生新鮮感，想到這樣的工作還要做五年、十年，就做不下去了。

所以當一個服務業的主管，要提出有誠意的願景，持續給出各種誘因去說服員工願意跟著你，像有一些同事已經跟著我工作二十幾年，我會一直提出新東西讓他們學，讓員工覺得工作是有希望、有價值的。

學習可以創新，我很樂意看同事們自己成立美食群組，到好餐廳享用之後互相討論；也有幾位同事喜歡旅行，向公司申請到海外住好的旅館，瞭解旅館的歷史、特色服務體驗，回來以後跟大家分享。

當我發現有一位同事對錶很有興趣和研究，我就請他來幫大家上豪華錶的知識等相關課程。多鼓勵這樣的學習文化在團隊裡發酵，**讓每一個年輕人能把自己喜歡的事也讓其他同事看見，對他來說工作就多了一層意義**，透過共享的團體學習，員工不會覺得每天都在做重複的事，自然可以降低流動率。

案例分享，是良性競爭也互相支援

每個人的強弱、資歷不一樣，所以透過團體分享，建立起互相支援的文化很重要。除了前文提過的認錯大會或表揚優秀員工之外，我也鼓勵同事做很多故事分享，在每次開員工大會的時候，每個團隊要提出案例。大家聽了其他人的故事會說：「哇，原來那種情況也可以這樣做！」案例的分享很重要，聽到的例子多了，同事們會越來越清楚，什麼是對的、什麼是更好的，哪些事做了會受到鼓勵，大家會主動想要多做一點，就可形成很好的良性競爭和激勵氛圍。

有一次，有個同事講述服務一對離婚夫妻的故事。故事中的太太帶著兩人之前養的狗搬去溫哥華，先生想要知道那隻狗是否健在，但為難的是因為某些因素他並不想讓前妻知道自己在打聽這件事，於是他提供地址，希望我們可以幫他看望。當客戶提出這個需求，有同事提出可以請自己住在附近的親人前去探詢，另一位同事則是查到可以請加拿大動物檢疫局協助，因為動物入境時都必須登記資料，每年還要回去做資料確認，最後果然是透過正式管道查閱資料，打聽到那隻狗很健康，才安了客戶的心。

當我們在會議上聽到這則故事，大家都頗感動，因為對服務人員而言，乍聽之下只是一個有點曲折的任務，但卻又能像朋友一般，在對方難過、有需要卻不得其門而入的時候可以幫上忙，因為助人而滿足，達成任務的成就感，能讓員工感受到工作價值。

以服務業為傲

不知大家是否有留意到，近幾年消費糾紛的風向開始有所轉變。以前只要有消費者貼出抱怨文，媒體一報導，馬上就會出現一面倒的負評，為了不把事情鬧大，店家常常選擇息事寧人。但現在不一樣了，民眾會判斷到底誰對誰錯，在網路上不理性討拍的消費者，不但得不到同情，反而會遭到網友起底。這不但代表整體國民水平的進步，也是服務作為一種專業被認同的象徵。

過往「花錢就是大爺」的時代，許多消費者認為既然付了錢，就可以隨意指使服務人員，但這些人或許沒想過，在這種環境下工作的服務人員或許會以客為尊，卻也容易忘了尊重自己的專業。

許多遊樂園都會安排娛樂表演，如果碰到表演者的動作漫不經心、應付了事，看表演的人很難留下深刻的印象；但當我們看百老匯的表演，看雲門舞者跳舞，就很容易得到感動的體驗甚至留下深刻衝擊，兩者間技藝好壞、功力深淺的差別是一回事，最主要的原因是觀眾可以看到表演者對於自身專業的認真與自信。

用一句話，切換角色意識

《心流》這本書提到，當人進入到心流狀態時，會自然而然產出最好的表現，也不會感到時間的流逝或輕易分心，這種投入不只適用在學習時或靜態工作，對服務業而言，也是可提升專業意識的工作訣竅：你當下能否切換身分、扮演什麼角色？

迪士尼樂園以經營文化為世人所稱道，他們如此定義自己的工作：「我們就是一個 Show Business！」裡面從演員到清潔員，每一位員工都不只是服務人員，也是「表演者」，這一句話是迪士尼提升服務品質的重要精髓，讓第一線的工作人員不只是完成「工作」而已，而是把自己當作一位專業表演者。迪士尼對於員工的定位，對於讓工作者切換心態很有幫助。

我們的工作也是如此，當同事一接起電話，或是現場安排旅行團或活動，從事前看場地、客人來之後的動線、現場如何接待，每個環節都像是一場表演，每次重要活動開始前我都會用一句話為同事加油：「It's show time.」這就像是一種儀式、一個提醒，從此刻開始就是我們的主場，我們將用專業帶給客人獨一無二的體驗。

低廉人力的服務會進入死胡同

服務業是人力密集的產業，在人力成本低的國家，可以靠堆疊人力成本來讓顧客滿足，這也是東南亞頂級飯店的服務模式無法在台灣複製的原因。不過這種經營配方也跟CP值一樣，龍蝦吃到飽就不稀奇了，每家飯店都用一對一的管家尊寵你，為何我要選擇住這家而不住那家？

當一個國家的經濟起飛，國民所得大幅提高，低人力成本的經營方式更是死胡同，在低薪的狀態下員工拿不出更優質的表現，店家做不出更好的業績，消費者得不到好的體驗，久而久之就會進入三輸的惡性循環中。我在一開始提到，無理取鬧的消費者討不了好處，這正是因為台灣有大量的人口從事服務業，許多人都能體認到從業人員的辛苦，年輕一代的工作者也開始有自己的專業意識，台灣的服務業要更進步，就必須讓消費者與服務人員之間創造出對於專業的尊重。

台灣老一輩的父母，有許多人是在不富裕的經濟條件下辛辛苦苦把孩子撫養長大，到了我們這一輩，但凡有一點能力，都希望讓小孩過得更好。我曾經有一位朋友的小孩，去瑞士讀旅館管理，回來後在五星級飯店上班，據說每天累得跟狗一樣，有一天朋友的朋友去飯店用餐看到這個孩子，回來問他說：「為什麼讓你兒子這麼辛苦，你們家又不是沒錢需要他去賺薪水？」我這位朋友聽了就跟兒子說，家裡沒差你這雙筷子，要不辭職回家好了！

從事服務業的辛苦，是必然的過程，父母親總是不忍看孩子辛苦，忍不住想幫他做決定，但就怕這也變成一種過度保護，讓孩子少了成長的機會。別看上述對話好像是連續劇裡的台詞，在現實業界卻真是如此，「做服務業太辛苦」、「服務業可能低人一等」的種種觀念，造成產業人才斷層，也反映出一般人對服務業的尊重程度。

我到中國建立美國運通黑卡服務團隊時也遇到一樣的狀況，面試新人進來，結果兩個禮拜後要走，我問他為什麼，他說爸媽認為供養孩子到海外念書，海歸回來，怎麼只當個服務人員？長輩覺得「服務」就有如做僕人的工作，我才知道兩代之間有這麼大的代溝。

擁有專業能力，就值得自豪

台灣這幾年的狀況比較改善了，有些行業正在從傳統學徒制過渡到專業教育系統的訓練，如果銜接得好，過去學徒制的專業學習在正規教育體系也能得到認可，像是高雄餐旅大學等專業學校培養出年輕的廚師、麵包師、甜點師、咖啡師，這些職人創造出的名氣帶來認同感，讓他們更熱愛自己的工作，因為專業讓他有成就感。

我看過一項日本的調查，日本年輕人嚮往自己開咖啡廳，但對老一輩的人來說，就像郭台銘先生覺得讀到碩士去賣雞排豈不是太浪費人才？其實這無關對錯，某種程度來說也是東西方文化在價值觀的差異，在已開發的歐美國家，孩子長大想當木匠就當木匠，只要你願意認真投入，當水電師傅、園藝師，都可以賺到不輸電腦工程師的薪資，社會也給予身分認同和尊重，反倒是華人文化，雖是古有明訓：「職業不分貴賤」，但過去士農工商的階級包袱還是很難去除。

現在年輕人越來越覺得要做自己，以前說「有錢任性、沒錢拚命」，現在年輕人的任性則是更敢表達自己，不一定要卑躬屈膝，而是可以靠ＶＰ值來賺錢。劇場大師李國修先生曾說過：「一個人一輩子只要做一件事很幸福啊！」我們常常說德國、日本很重視職人，很多人一輩子就把一件事做到極致，這樣的概念近年在台灣也慢慢成形，就像台灣不是咖啡原產地，但還是有這麼多農場、咖啡達人投入心血種咖啡、參與國際競賽，坊間也出現不少咖啡名店，這也是年輕人「任性」實現自己夢想的展現。從事服務業，值得驕傲，投入熱情做到好，也能為自我品牌大大加值。

4

變局下，從心致勝之道

這是一個變動越來越快速的時代，
疫情是難以預料的黑天鵝，
來勢洶洶的ＡＩ浪潮將顛覆傳統工作模式，
要怎麼截長補短、快速調整團隊以面對市場？
「從心」之道，
將是革新組織文化、重建客戶關係的好答案。

服務客群的世代差異

大多數商品或服務都會設定主力的消費年齡層，有些商品受眾較窄，只需滿足某個群體的消費者即可，有些則不然。美國運通是個歷史悠久的品牌，我們的會員年齡層橫跨好幾個世代，而因應不同世代的消費者，也不能只用同一套的方式來服務。

像是我們所面向的高消費群體，富一代的傳統企業家對我們的依賴比較深，他們不熟悉的領域就交給我們處理，應對上也謙和客氣。富二代大多從小富養，吃好、住好，很懂什麼是好的東西，對生活風格有個人的強烈偏好，資訊取得能力也強，通常他們在公司裡說什麼大家都會回 Yes，與我們服務團隊之間的應對模式，也和他們在職場差不多。簡單來說，兩代之間因為成長環境不同，消費的風格也大異其趣。

另一類是所謂的新富族群，這類顧客有很大部分是從海外回來，消費需求喜歡跟國外做比較，流行風格會參考國外趨勢，同時擅長運用數位能力，跟生活相關的大小事通常都在網路上解決，傾向用社群軟體聯繫、不太喜歡與真人對話，習慣簡單明瞭的給指令，直接點名要做的事或要買的東西，自然跟我們服務人員的連結度也比較低。這群年輕世代的客人作風直接、主見強，且好惡分明，因此我們這些年也持續研究如何能更滿足這類客戶的需求。

找潛在客群，創造被需要的理由

就拿美國運通經常舉辦的活動來說，大部分的年輕新富喜歡玩車、打球，他們喜歡追求新知新事物，特別是換新車的頻率很高，但對於像

fine dining 米其林餐宴這類活動，他們未必有太大興趣，並不是因為沒有能力消費，而是在米其林三星餐廳享用一頓餐點，花上三小時是很常見的，他們的生活步調快，講求速效，會想為什麼要浪費那麼多時間？乾脆吃個漢堡就好了。

又例如美國運通舉辦高爾夫球活動，新富族群也會來參加，但往往人來了只參加打球行程，在餐會社交時間之前就離開了。他們可能會開著剛換的名車前來，這成為展示個人財力的一種舞台。

這些新富客戶未必有耐心去理解美國運通黑卡的服務價值在哪裡，很可能大部分的事情他自己在網路上都能做到，加上語言能力強，對新科技、新知識的吸收多元又即時，會來辦黑卡，許多新富會員要的是一種身分象徵，一張被人認同的「名片」。

對於這塊新崛起的市場，我們的做法是改變行銷策略，將活動做區隔，增辦各種針對新富會員或年輕會員的活動。例如疫情期間，我們和超跑品牌以及麗寶賽道合作，請職業賽車手來當教練，邀請新富會員來參加。這類活動就很受年輕人歡迎，車商可以藉此認識潛在客戶，會員也覺得能跟賽車手一起下賽道很酷。

新富客戶賺錢的方式和老一輩的實業家有很大的不同，有些會員可能是靠虛擬貨幣、投資、甚至經營社群來獲利，不過隨著財富積累，生活型態也慢慢轉變，例如他們也難免會碰到需要社交宴會的場合，因而想要更懂美食、懂一點品酒、懂一點名錶，甚至賞析藝術品等等，對於能提升生活質感的課程或展覽產生興趣。從某種程度而言，我們有點像是在參與他們的生活轉變或成長。

我曾在訪談中提過：「以前美國運通總是先有清楚的客戶群，知道怎麼去完成任務；現在策略調整，變成也會先有活動，再知道怎麼找到對的客戶來參加。」以終為始，扭轉模式。

至於要怎麼規劃能吸引這些見多識廣的客戶的活動？這得仰賴長年

紮實的客戶資料、消費數據收集。例如美國運通總公司在二〇二三年三月發表的《全球旅行趨勢報告》，針對七個國家的客戶調查，發現相較疫情之前，現今旅行產品除了更加受到影視文化、社群分享等因素影響之外，以美食為主要目的、個人休養式的客製化旅遊主題也大行其道。又例如我們有部分活動也更著重在沉浸式的個人體驗，設計成讓參與人數更有彈性的深度分享會，不斷提供讓新客群有需求、感興趣的服務紅利。

對於服務業者來說，年輕世代、新富階級將成為未來十到二十年的主力消費者，這群人有很強大的消費實力，這毋庸置疑，但要他們阿莎力的掏錢消費，就得對這群顧客有更深入的認識，更精準切入他們的偏好或欠缺的痛點，提出足夠動人的產品才行。

ＡＩ的服務 VS. 人的服務

我常常被媒體記者問到，現在人工智慧大量引進至服務產業，會不會取代人力的服務？當所有東西都變成數位化了，我們還需要人去服務嗎？服務業會有未來嗎？

先來聊聊在中國觀察到的經驗。我常收到來自中國的演講邀約，不但幾乎場場爆滿，現場聽眾也都專注聆聽、熱情交流，許多當地的服務業者相當認真的想向我們汲取經驗。我常聽到大陸同業感嘆：「台灣的高端服務怎麼能做成這樣？」其實中國的服務業向來很積極做數位轉型，不管ＡＩ、機器人或零售，採用新科技都走在前面，但是他們也發現，ＡＩ和機器人能提供的服務體驗有其侷限。

其實說穿了，這要回歸人性最簡單的一點：感受。

我相信每個人都享受過數位化的服務，數位化或是人工智慧，最棒的地方在於資訊取得非常迅速方便，輸入什麼訊息進去，它會立刻回應給你，不會抱怨也不會有任何情緒上的反應，聽起來簡直是多數服務業老闆的夢想。但如果換位從顧客的角度想想，你會對著機器人說：「哇，你的服務棒得不得了！」然後給它一個擁抱嗎？我想不會吧！一般人可能會覺得機器做得很標準、很理所當然，頂多對機器人的性能嘖嘖稱奇然後就拋在腦後！

同理用戶，給予安心感

其次，不妨思考，在資訊如此容易取得，甚至是很容易被「生成」出來的年代，消費者需要的是什麼？當資訊獲取的門檻降低，其實篩選的難度反而變高，我們更難分辨真偽良窳，更不容易決定哪一些是真正有用的。其實各種電商平台早就將ＡＩ運用於大數據的運算，行銷廣告無孔不入，讓你一上網就大量接觸許多近期關心的議題關鍵詞或商品。

又例如想要找美食、訂餐廳，我相信多數人會滑手機去看Tripadvisor、Google評論、甚至ＩＧ網紅等網路資訊，但即使他人的評價很好，也難保你不會踩雷，因為這是屬於個別體驗的主觀性感受，人的素質不一樣、要求不一樣、年齡不一樣，即便是經過ＡＩ分析給出貌似吻合的答案，你也會懷疑這到底是對、是錯，是否真的適合我？

但是像美國運通的團隊受過訓練，長期精熟客戶管理，所提供的服務標準是一致的，透過個人化的互動，較能精準洞察會員想要的是什麼、潛在需求是什麼，給出去的建議比會員自己上網查詢更好用。

「這是美國運通推薦的，你可以放心」的安心感，這是人工智慧還取代不了的地方。

世界越快，溫度和彈性越是缺稀

進一步來看，人可以給出的服務優勢還有什麼？除了要有能力去解讀資訊的正確性，跟機器大相逕庭之處還在於有溫度和量身訂做的彈性。如果你使用過 Chat-GPT 就知道，聊天機器人的功能很強大，但現階段如果需要它幫忙做更有目的性的事，關鍵還是在於使用者技能的深度和廣度，也就是會不會問問題、下指令──「問對問題」也是一種技術與彈性優勢。

什麼是人類可以提供的溫度與彈性？我們有一位會員去印度錫金旅行時，原本飯店告知從機場到飯店的車程時間是三小時，但他抵達當地後，來接機的司機卻說要六小時才對，他打電話去飯店卻無人回應，人生地不熟狀況下他覺得很不安，於是馬上聯絡在台灣的美國運通白金顧問。十分鐘後會員接到同事的回報，六小時的車程時間確認無誤，也通知另一方飯店客人預計抵達的時間，做了雙重確認。最後，讓客人覺得驚喜又感動的是，他人才剛抵達飯店，就接到同事詢問是否順利到達的問候電話。有經驗的服務人員懂得「察言觀色」，不一定需要面對面才能做到，這種細膩溫暖的安心感，也是人工智慧還無法取代的。

客戶不只是電腦上的編號

很多公司引進 CRM（客戶關係管理系統）、Big Data（大數據），不少企業也盤算用人工智慧來取代部分人力，畢竟機器可以一十四小時全年無休的工作，客戶自己操作豈不是省掉很多人事成本？老闆也不用花力氣去管理一堆人，聽起來這是很值得去做的投資，但是系統與資料庫越做越大，反而更需要精準去利用那些冷冰冰的數據和資料。

例如每當客戶電話一上線，電腦螢幕跳出對方資料，我會知道上一次客人打電話來的時間、談話的內容，服務人員就可以接下這個話題，這在服務業的談話技巧叫做「破冰」，但然後呢？能否利用這些系統，更快更有效的提出令對方滿意的回覆、解決問題，才是服務重點。別只是為了建立系統而去投資，卻忘了科技是為了幫助我們，最終目的仍是要更順暢、更好的與客戶溝通。

你不會對機器產生感情，只會覺得它方便；你看機器人跳舞不會心動，但是看到專業舞者跳舞，他的認真、他的情感流瀉，會令你動容、起雞皮疙瘩，這就是差異所在。

人，才是服務的核心，才是服務最重要的本質，其他的都是為了輔助我們提升效率、提供更準確的服務。所以人的服務會不會被ＡＩ取代？我認為不用太擔心，人，永遠可以讓自己更有價值。

美國運通辦展：把廠商會面變國際交流平台

雖然美國運通是跨國經營的企業，但在各地服務團隊的經營上，總部給予經理人很大的空間因地制宜，在台灣我們嘗試過許多創新的做法，其中，AE Showcase已經成為海外指標性旅遊業者來台必定會參加的活動，這套做法不但得到總部的表揚，我也把AE Showcase帶到日本跟中國去，成效都很好。

為什麼美國運通需要辦這種說明展？這是因為有許多國外的服務業者會固定來台灣做業務拜訪，像是頂級飯店、郵輪公司、航空公司等，也會到我們辦公室做產品分享，目的當然是希望我們的同事能多向客人推薦他們的飯店或旅行產品。但因為通常都是一家一家分別來拜訪，每回都要集合同事來參加聽取說明，次數太頻繁難免耽誤大家的時間，於是我開始思考有沒有可能像電腦展一樣辦一個Showcase，邀請這些合作夥伴一起來？利用周末假日辦在飯店，同事也比較能挪出時間，讓更多人一起參與。

然而一開始要落實這件事是沒有預算的，因此需要前來參展的廠商付費，共同負擔場地及午餐費用。同事乍聽之下不免覺得懷疑，廠商來台灣做業務拜訪，還要繳錢給我們？我也很老實的跟各家業者說，辦這個活動並不是為了賺錢，只要不虧錢、讓這個大型交流活動能辦成就好，結果不少廠商聽了覺得很新鮮有趣，就願意花一點點費用參與看看。

商業展變成好吃好玩又可學習的派對

第一年，大約來了十二家業者，活動結束後，我們員工和相關廠商的反應都很好，因為透過交流會，對方可以把當地市場的問題直接和我們的員工做溝通，我們這方也方便幫客戶反應住宿某些飯店碰到的大小問題，雙方面對面溝通相當順暢。我看到我們的員工在這活動中學到不少，而廠商們也更清楚台灣客人想要什麼。業者回去之後，真的看到業績成長，於是第二年報名的廠商就更多了，到了第三年，想參與的廠商竟然需要候補才排得進來！

活動一次在五月、一次在十月，然後慢慢的又容納不下了，於是我們將場地移到大宴會廳，每一場約有三十家廠商參加。雖然這些年下來還是有來自各方的廠商希望能排隊加入，但我覺得目前一年兩次的規模就足夠了，畢竟美國運通不是策展公司，做這件事的目的還是希望能回饋到本業。

廠商除了付錢參展，也會提供獎品，中獎率高達七成，一來藉此提高同事的參與度，同時也希望為同事創造更多體驗高階產品的機會。而大家雖然利用周六下班時間來參加活動，但一方面在五星級飯店享用餐點，一方面又可學習、有抽獎，心態上都很正面。

後來，我覺得這樣還是有所不足，進一步把冷冰冰的商展辦成像主題派對一樣，每次都有不同的 dress code，比如說這次是點點裝，下次是橘色風、迪士尼風、嬉皮風，員工自己設計服裝，廠商也一起參與，讓商業交流活動變得更有趣。

眼見為憑，讓日本團隊也買單

後來我也將這個由台灣發起的 AE Showcase 推到日本。以往日本美國運通的員工都是在辦公室跟廠商會面，當我一開始提議要擴大規模舉辦商展，可想而知，多數日本員工的反應是周六是私人時間，參與意願一定低落。那怎辦呢？於是我決定先從日本派兩個人到台灣來見習，解答他們光用想像所產生的疑慮，再回去和其他日本同仁分享。後來就連中國的美國運通團隊也派人過來學習。

二〇一九年我們在東京半島酒店舉辦日本的第一次 AE Showcase，報名非常踴躍，很多同事都盛裝出席，視為一場重要的活動，廠商的回饋也很熱烈，雖然後來因為疫情無法繼續舉辦，但各方都一直詢問解禁後何時要在日本舉辦第二次？他們想要加大參與的力道。

參與這種商業交流活動，主動心態和被動心態的收穫絕對不一樣。再者，我也期望讓廠商了解，我們員工的時間是有成本的，並非任何一家廠商突然要來拜訪，我們的同事就要乖乖挪出時間配合。

我們很自豪，美國運通的 Showcase 已經變成台灣旅行業面向國際的知名象徵，其他旅行業者只要看到某段時間有來自世界各地的高級旅館經理人來台，就會問：「是不是來參加美國運通的活動？」而國外廠商在規劃來台做業務拜訪時，也一定先問我們什麼時候辦 AE Showcase，把活動日期當重要事項預留下來。能創造出這樣的迴響與成果，是一件非常有成就感的事！

台式服務VS.日式服務

我在二〇一八年被派往日本，管理當地的黑卡與白金卡團隊，其實這在外商企業中並不常見，因為日本市場通常是獨立於其他亞洲市場之外的，在服務業的領域有他們獨到的文化，也是屬於強勢的國家，因此由台籍主管來運營日本分公司的例子並不多。而且台灣是上百人的團隊，日本團隊則有好幾百人，市場與規模都比台灣大上不少，我需要花更多的時間才能做好整合。

日本人是既傳統又現代的民族，他們既創新但又非常重視傳統，很多時候並不願意也不太能適應改變，在職場上更重視團體領導而不推崇個人英雄主義，多數事情都是集體決定，也因此日本企業下決策通常很慢。就像東京奧運或新冠疫情時的「公主郵輪事件」，不論多大的事，都要跑完程序、等待一定時間後才有定案，他們如果沒有做好百分之兩百的充分準備，絕不會輕易改變或推動新措施。

兩個改變，推動革新

這種作風放到團隊經營也是一樣，如何讓日本員工開始推行創新，我從工作流程和辦公室文化兩件事下手。首先，我改變很多使用紙本作業的習慣。日本人的謹慎眾所周知，即使電腦已經有資料了，往往還是要再手寫一份才有安全感，說是以防萬一。我不斷告訴他們，全世界的美國運通都用同樣的系統，沒有人在導入系統後仍耗時去手抄紙本，實行至今沒有問題，請大家放膽改變。

事實上不只在私人企業，日本政府也意識到過度仰賴紙本的文化不得不改，前首相菅義偉在上任第一天時，就表示要去除印章文化，可見讓他們願意放棄紙本作業是很大的一步。

也因為日本是比較保守的民族，他們絕對不會在主管面前說不，都說はい（是）。但大多數的外派主管都搞混了，以為「はい」就是「Yes」，はい在他們的對話中其實常等於英文的 **I hear you**，我聽到了、知道了，但會不會去做是另一回事，結果就造成了文化上的衝突。

美國的主管認為你都說 **Yes** 了怎麼沒做到？美國人完全無法理解，覺得日本企業是一個複雜的生態，什麼觀念都很難推動。我進日本美國運通之後成為中間的橋樑，讓紐約的主管們了解，做日本生意就是要有耐心，日本人面對改變的回應可能有點慢，可能要花更長的時間說服，但是效益在後面，一旦他認同你了，就會徹底精確去執行。

我想大家都知道，日本人做事都照規定來，有很多框架，我試著讓他們稍微有一點彈性。其實不管哪個地方的人都一樣，人總是喜歡待在自己的舒適圈裡，被強迫改變的時候，難免會引發不安或衝突。舉一個簡單的例子，日語有很多敬語，即使是內部溝通的電子郵件也是一樣，寫了十幾行字，可能重要訊息不到兩行，於是我開出一個格式建議他們照著填，把太多冗長的問候性用語做一些精簡。

我們常聽到日本有過勞死的案例，他們加班文化盛行，從小養成的認知就是什麼事情都自己做，不能麻煩別人。比如說我們的工作是輪班制，做不完後面其實還有同事接力，但日本同事會繼續做到很晚甚至到隔天！他們認為那是自己份內的工作，想把事做完為止。但服務工作可以切分，並不是一個人從頭到尾做個沒完就是有效率，我常常催同事下班了趕快回家，可是他們會相互觀望，如果其他人沒走，一個人先下班彷彿不合群、覺得怪怪的。我觀察一陣子才知道，主管得要先下班，員工才敢離開，於是我改成時間一到就會離開辦公室，果然他們非必要性加班的比例就隨之降低了。

高效率、高自律、重視儀式性

當然，日本同事有很多值得台灣同業學習的地方。首先，在很多方面效率很高，我在台灣開會，通常要耗上一個半小時、兩個小時，在日本則是半個小時就結束。我剛去的時候，光我自己就講了二十幾分鐘，講完後竟然有人跟我說：「老闆我還有下個會，我要先離席了。」後來我自己檢討調整，縮短前面布達事項的時間，濃縮扼要表達重點。我常告訴台灣同事，日本同事來開會之前都是有備而來的，他們一坐下來就會直接丟出想法，不會乾坐著從頭開始發酵想法，效率當然好，但台灣員工往往習慣等人來了才確定要討論什麼，所以常會有議而不決的情況。

日本同事的工作態度積極敬業，自律性強。有許多客服行業規定，員工進入 call center 之前要交出手機，美國運通從沒有這樣的規定，完全靠個人自制。在台灣，難免還是會看到有人在值班時間稍微滑一下手機，但在日本辦公室就不會發生，他們把工作跟私人的時間分得很清楚。

我曾參訪過日本溫泉旅館的霸主加賀屋，他們有歷史悠久的女將文化，「客室係（類似客房管家）」的團隊成員大概都是五十幾歲，親切自然很有活力。我到內場參觀時，看到門口有一面鏡子，寫著：「**保持笑容，我們一起迎接客人。**」她們要出來服務之前，每個人都藉由整理儀容的儀式為自己加油。

雖然我在本書前言曾提到，在台灣很難完全套用日式服務，但加賀屋官網的宗旨我認為很值得一提，「**以滿足客人期待，並且追求正確性的真心款待來接待客人**」，涵蓋了**滿足客戶**、**精準服務**、**將心比心**的鐵則去打造服務團隊，並用簡單有效的上工儀式幫自己打氣，這些都很值得台灣服務業者學習。

走動式管理，強化內部溝通

如果我在日本辦公室，我每天都會跟員工聊聊天，但日本人不太習慣走動式管理，看到我，同事會緊張的說：「老闆跟我有約嗎？」要拉近距離，不是只有姿態放軟而已，更重要的是讓職場環境盡量透明化，我會讓每位同事盡可能知道公司內部狀況，例如我們客戶滿意度好不好、專案進度到哪裡、業績是否漂亮，以前這些只有主管才知道的事，我認為第一線同事也應該知道，從內部溝通的改變做起。

他們的辦公室文化比較嚴肅，階級觀念重，員工不敢隨意跟主管開玩笑。我第一年去，聖誕節時打扮成聖誕老公公，和秘書以及兩位主管一走進辦公室，我就大聲喊：「Merry Christmas!」那是個有幾百人在場、原本非常安靜的大辦公室，馬上有人用手指比「噓」，大部分同事還不認識我，直到秘書大聲介紹：「這位是 Austin 桑。」大家才輕鬆的笑了、開始寒暄。

第二年開始就好多了，聖誕節時有些同事還會穿戴著派對裝上班，大家一起自拍，辦公室文化變得比較輕鬆一點，透過這些改變，我想要緩解日本團隊的拘謹，讓他們更融入美國運通的文化。

日本「經營之神」松下幸之助極度重視溝通：「企業要成功，重要的是如何跟員工溝通，如何跟同事溝通，如何跟客戶溝通。」服務要怎麼教？服務很難教，它不是容易被條列化的技術，我能夠跟他們分享的只有觀念、經驗和想法，但我投入非常多時間與各個團隊溝通，不管辦什麼活動，我一定參與。

在我去日本任職之前，日本美國運通最大的問題是員工流動率過高，員工滿意度很低，我去了之後，第二年開始兩個數字都變漂亮了。

無論在哪裡，我想，推動組織文化的革新之前，先掌握團隊的強弱點、同理內部文化，想要說服同事擴大舒適圈，就要靠持之以恆、具誠意的溝通。

服務滿意度的迷思

二〇一四年，我被派往中國，工作是建立境內首支黑卡服務團隊。中國的服務業積極做數位轉型，科技配套非常齊全，大數據資料量多且準確，微信、去哪兒、大眾點評網……有形形色色的數位化服務，但當年平台最看重的仍是大眾市場，還不太重視精緻化的服務。

當時中國式的服務是什麼？他們很希望客人多做點評，在意的是每一次服務之後，客人的立即點評能否給到五顆星。從進海關開始，移民局就讓你點評服務「非常滿意、滿意、不滿意」，各銀行的電話客服也會要求顧客幫剛才的服務做個點評，大部分服務滿意度都有九十％以上。有一次我受邀演講，開玩笑說：「我的服務滿意度只有六十％，能跟你們這些每一家滿意度都是九十%的模範生講什麼？」台下的高階主管都笑了，聽完演講以後告訴我，在中國，所有的東西都一定要有點評，大家都要拿最好的分數，然而，這並不能百分百代表是最好的服務。

同樣是重視點評制度，到了新加坡又稍有不同，海關做得很細緻，為了拿到更好的評價，移民局在入境處一樣設有點評的機器，但他們多了點小心思，在旁邊放了一盤椰子糖，就這麼一個小小服務，吃人嘴軟，拿了糖果後，就連我都會給高分的評分。但即便做到這樣，我還是覺得如果只重視點評數字的累加，對於服務品質的提升未必有實質性的幫助。

分數不等於真正滿意度

因此當我要在一個如此重視數字的地方，建立起不能光從表面數字看滿意度的黑卡團隊時，委實是一大挑戰，一開始的溝通很辛苦。就好像早年大陸的旅館業根本無法準確預估業績，因為多數客人不習慣預訂，上海的半島酒店剛開幕時我曾去拜訪，人在櫃檯 **check in** 時就聽到旁邊就有人直接問：「有沒有房、多少錢一晚？」臨時住房、馬上結帳的比率非常高。

當然現在改變很多了，七、八年前台灣很多飯店的中高階幹部被挖角到大陸去，對岸給的薪水是相同金額，卻直接從台幣換成人民幣，但是工作辛苦，員工的教育訓練要從基礎內容開始，像是怎麼穿著、基本問候禮儀等等。一開始我花了大半年時間為他們上課，從「什麼是服務」開始談起，中國員工習慣直來直往，有時候講話直白不經修飾，難免得罪客戶卻沒有自覺。所以我們舉辦許多活動，教育員工怎麼跟客人做溝通，包括談話的時候面帶笑容、眼睛要看對方等等。

俗話說：「富過三代才懂吃穿。」我個人感覺台灣的服務業大約還有五到十年的機會，中國的好飯店越蓋越多，也許目前還無法精準提供最適切的個人化服務，但因為有規模可觀的高消費市場，如果抓住高端服務的精髓，應該能創設出屬於中國人自有的高級飯店品牌。

而台灣因為地小，更要加強細緻的個人服務，我們的競爭力必須從精緻化著手。就像瑞士、日本，都很重視發展觀光，即便民生消費都不算便宜，但我們很少聽到遊客會批評這兩地的服務業品質不佳，這是因為服務文化高度成熟，有夠久的時間與夠多的資源來做服務品質的深化，我想我們未來勢必也得走上這條路。

後疫情時代的變化（上）：數位轉型，組織變形

在前兩年新冠疫情的衝擊下，為了生存，許多產業都更積極去思考新的商業模式，加快腳步投入數位轉型，我們也不例外，例如之前內部提了很多次要推動無紙化作業，但說和做總是兩回事，然而在家上班時期，紙本文件很難即時作業，於是讓訂單、簽證等處理流程線上作業化，在疫情期間，我們已經做到九十九・九％無紙化，這雖然是一件小事，但卻是走向數位管理的一大步。

疫情席捲世界，導致國境閉鎖、人員流動大幅停擺，這種不可抗的黑天鵝變數讓舊有商業模式一夕之間完全失效，這種時候如果用舊思維

提出新產品，短期內或許能稍微止血，但長期來說無濟於事，重點還是在改變團隊成員的心態。

觀光局曾邀請我針對旅遊業的轉型演講，我提出的建議是：「不管你是變成數位化的旅遊產品，或者是旅遊產品的數位化，重要的是，組織要像變形蟲，要能迅速的轉變。」

打破分工疆界，為員工賦能

危機和轉機總是相輔相成，科技發展一日千里，可以成為企業轉型的一大助力，以前的工作者多半只需著重單一領域技能，當組織擴大、層層分工，工作人員一個蘿蔔一個坑，職務區分細緻、各謀其政，即便是像我們的顧問工作範圍得包山包海，同事之間依然各有不同專業的分工。

在疫情期間，**我們做的一個改變是為員工賦能，鼓勵工作技能多元化**。未來不管是更聰明的ＡＩ也好、演算更強的大數據也罷，這些技術理應要讓工作的執行越來越方便，那麼員工的數位能力、接受新事物的心態就必須跟得上才行。即使是各自有專業分工，我們也鼓勵員工多去學習不同面向的技能，就像特技表演同時丟接好幾顆球一樣，一開始先丟一顆，再來二顆、三顆、四顆，不斷練習就會越來越強。

落實到應對客戶的執行層面，**就是更徹底的一站式服務**，當客人一通電話進來要預訂旅館、機位，或是訂餐廳，過去在美國運通分別由旅遊顧問和生活顧問提供服務，但對客人來說為什麼要有兩個窗口？統合起來豈不是更方便？

台灣美國運通的黑卡客服團隊，原本分成「個人旅遊顧問」和「專屬生活顧問」兩大部門，我常說生活顧問就像「飯店金鑰匙」，從小事到不可能的任務，我們都要盡力做到使命必達。然而在疫情之前，我就思考過這樣的分工是否合理？總感覺應該尋找契機將兩者合併。在疫情期間國外旅遊幾乎歸零的情況下，正好讓我下定決心調整組織，我希望每位員工都具備兩方職能，既能處理客人生活大小需求，在疫情結束後也能投入海外旅遊市場的業務。但要做到這件事，我必須在內部打破分工，讓員工接受並熟悉不同的業務內容、操作系統、對應廠商和協調技巧。

讓員工感受好處，才能化壓力為助力

以上說起來很理想，然而要打破部門界線並不輕鬆，對組織而言是一個複雜的過程，雖然外界看不出來，正式實行時我們曾遇到不少挫折。以往服務業並不像科技業常會採用專案制或敏捷式（Agile）管理，少有跨組團隊和專案負責人的概念，部門之間有各種因流程和作業慣性造成的磨擦，每位主管的工作內容、著重的工作流程不一，而即使是相似性質的工作，兩方的操作系統也不太一樣，剛開始員工會有適應的壓力。

此外，有些人總覺得資深員工就一定得出任主管，類似這種陳年老觀念，也到了不改不行的時候了。變化必然會伴隨壓力，所有整合都免不了要度過陣痛期，團隊領導者的工作，就是要降低其中的阻力。

該如何協助、鼓舞同事開放心態，降低抗拒性？有幾個前提：要有充分的**授權**，讓員工可自主處理業務；要給員工**安全感**，讓他們知道一有需要，支援群組能互相幫忙；要有明確的**階段性工作目標**，不能含糊；此外，很重要的一點是要有**更好用的工具**，我們建立了很完整的資料庫，讓客戶的需求可以更快、更具體的被描繪出來。

比如說，客人說希望我們幫忙訂一間適合重要餐敘的米其林餐廳，以前是接到需求的旅遊顧問轉給生活顧問來做推薦，但透過資料庫整合，先從客人希望的地區著手，我們已有統計該區域所有會員最喜愛的不同類型餐廳，加上足夠瞭解客戶的個人偏好、實際需求，再據此去做篩選，使用更稱手的資料分析工具輔助員工，才能提供更精準的服務。

我看著在疫情最嚴重期間業務大量減少的旅遊部門，從剛開始的抗拒、接受、磨合、協調到成長，現在我們的客服同事幾乎都是十八般武藝俱全，懂的事物又廣又深。旅遊和生活這兩大部分整合起來，讓我們的服務效能提高了，當同事們發現可以一次性解決不同問題，自然就認同「學習改變」有其道理，而客戶也感受得到我們的服務更精簡到位。令我意外的是，當大家真正改變後，不少人表示學到新事物的成就感、踏實感絕對不亞於升職或加薪。

要運用數位工具、成功推出新的作業方式，這對主管與員工雙方來說都是走在學習的道路上，但終究會正向反映在我們的服務評價及速度上。

後疫情時代的變化（下）：順勢革新，「從心」抓牢客戶

當旅遊業進入所謂的「新常態」，不只是產品內容有所改變，連服務人員的工作模式也有長期性的調整。在疫情前即使大家都知道要多運用科技，節省成本又能提高品質，卻很難大幅度在企業或產業中推動，疫情等於是一劑猛藥，逼得大家不得不應變。

僱員彈性化、憑證電子化

美國運通的黑卡或白金卡顧問，原本就不需面對面接觸客戶，因為我們是二十四小時的服務，疫情前的工作模式是排班到公司接聽客服

專線，疫情後無法進公司，大半員工留在台中、台南等各地家中接聽電話。原本我們擔心影響服務品質，公司政策規定客服人員都得僱用全職者，但如今有了讓員工大規模、長時間在家工作的經驗，我們也增加兼職同事的比例，聘請過去訓練精良、卻因照顧孩子而無法全職工作的同事，讓他們在忙線時段以計時方式在家支援，反而在人力安排的彈性比以前高出很多。

另一個因為疫情而改變的工作型態是，以往幫會員訂房，飯店會先給我們一個預訂憑證，負責的客服會把它印出來，裝進信封裡寄給會員，讓對方攜帶到飯店 **check in**，即便大多數飯店已經不必看紙本，只需檢視電腦訂房記錄跟客人的護照，即可辦理入住手續，但準備紙本憑證這件事在會員的習慣與工作人員「求心安」的心態下，始終沒有廢除。

而疫情期間，零接觸服務變成風潮，加上列印和郵寄都不方便，我便趁勢推動無紙化。剛開始員工反彈很大，怕客人感到不安而抱怨，的確也有少部分飯店不習慣客人 check in 時沒拿紙張憑證，我靈機一動讓同事告訴會員，萬一現場「查無訂位」，當晚住宿就由美國運通招待，飯店端也不需負擔損失，這樣大家總能放心吧。沒想到這個做法竟然就此徹底改變了服務流程，讓我們省下大量時間與成本，而且從疫情期間一直到目前為止，尚沒有發生過因為客人沒帶紙本憑證而無法入住、導致公司必須要賠償的狀況。

幫會員圓夢，小市場也有吸引力

疫情前，美國運通會員最大的服務需求是出國旅遊或差旅，但疫情後我們重新開始跟會員建立關係，其實我把「**重新**」這兩個字也看作是「**從心**」，當科技進步神速，資訊不對稱的優勢消失，會員為什麼還需要我們？試問如果在疫情期間和會員都沒有產品上的互動，當國境一開，客人還會需要我們的服務嗎？保持與會員之間的黏著度，並讓他們感受到美國運通對他的用心，是應變疫情的第一要務。

因應疫情間興起的國旅內需市場，我們在提升國旅產品的精緻度和亮點下了很大工夫，有趣的是，我們發現在台灣，那些一位難求、號稱「某地區最難訂位」的餐廳，對會員是很有吸引力的，魅力甚至於比住豪華飯店還要大。於是我們會提前部署，例如包下幾家炙手可熱的餐廳檔期，像是在台中七期的法式餐廳鹽之華、在屏東的無菜單直火燒烤料理 **AKAME**，或台東長濱面對太平洋的 **Sinasera 24** 等等，再以餐廳所在地點延伸周邊行程，三天兩夜的行程定價五萬起，限定二十人，通常一推出就秒殺。我們的會員住頂級飯店是家常便飯，但他們卻不見得訂得到這些知名餐廳，有些會員是為了餐廳的位子二話不說立刻報名。

以往美國運通的主力放在國外旅遊團，都是高單價商品，最便宜從四十幾萬起跳，而且定價越高的賣得越好，比如說南極團要九十九萬多，非洲狩獵團六十幾萬，一位難求的日本九州「七星號」豪華觀光臥鋪列車，美國運通會一列列包下來。但以前要推出國旅組合，我們碰到的最大問題是，即使預算多也未必做得出夠多夠精采的行程。例如十幾年前有位朋友打算邀請一些貴賓來台灣，希望我們安排四天三夜的行程，每位旅客的預算是二十萬，結果我發現還真的排不出令自己滿意的行程，畢竟就算客戶願意掏錢，我們也要給得出品質相稱、足夠驚豔的內容。

為什麼會這樣呢？原因之一是以前在台灣，真正稱得上國際級的頂尖飯店屈指可數，也沒有米其林評鑑餐廳，當時我去找台北戲棚包場，安排遊客坐直升機從松山機場飛到溪頭，但二十萬預算是用不完的。近年的情況則不太一樣，因為名廚鵲起，餐飲業有越來越多優秀的料理主事者，在台灣打造出一家又一家國際水準的頂級餐廳，我們就能配合去開發出更有附加價值的旅遊套裝產品。

將「趨勢」轉化成「變現」的商品

未來我們會看到服務產業持續性的蛻變，例如在金融業，數位金融服務已是發展趨勢的重中之重；在零售業，許多業者看到「掌中經濟」不可逆的趨勢，強化 OMO（Online merge Offline）的虛實合一，越來越多傳統零售企業投入線上+線下、設計全通路無障礙的客戶管理；至於在旅遊業，對消費者來說最有感的部分，我想除了機票會變貴之外，無人化服務越來越普及。

以後大家要搭飛機，在機場改用行動裝置 App 辦手續的頻率會越來越高，航空公司在缺工的壓力下，會提供更多的優惠導引消費者習慣自己動手，目前已經有很多國際機場都在擴大自助行李託運、無人櫃檯的軟硬體投資。

至於旅遊風潮的流行指標也有很多未知數，也許旅行者會更重視各種當地的深度體驗，不光是去一個地方看風景名勝或吃美食就滿足了，可能會偏好在定點居遊一段時間，享受當地的風土民情。

潮流變化萬千，我想沒有一種形式會是最終答案，所以我們未來的競爭力，不是在於神準預測「會有哪些商品產生」，而是見到趨勢到來，要想辦法「**將趨勢變成旅遊產品**」，賣給對的客人。

平心而論，身為服務業從業人員，不管未來和客戶的互動常態是低接觸還是面對面溝通，必然會碰到更多技術面或社會面的挑戰，善用科技、提升服務技巧很重要，但要讓客人死忠跟著你，不單是系統工具多先進，更重要是保有熱情，就如我一開始就提過的，能注意客戶潛在需求的顧問式服務，將是提高價值的核心動力。

寫在最後

雙贏的服務

我從事服務業很多年了，有時候難免會職業病發作，不自覺把工作也融入自己的生活，像我年輕時跟家人出門旅遊或是到餐廳用餐，常會把在公司的要求套用在我去消費的場所上，如果碰到對方服務不夠理想，我會忍不住提出抱怨或直接給予建議，期待他們有所改善。但也因為這樣，我們家的孩子都覺得跟爸爸出門吃飯有點壓力，當我在跟對方溝通的時候，他們常常有些尷尬，忍不住把頭低下去，久而久之，甚至不太想跟我一起出去玩。

後來我自己反思，有沒有更適合的表達方式？隨著年齡稍長，我調整了心態和做法，不論餐廳或在任何地方，當我碰到服務不夠理想、或溝通過程不太順暢，我會先讚美對方的優點，再以和緩的語氣給予提醒，因為對方能感受到我是懷抱著善意，往往也提供給我更多回饋與更體貼的好服務，有時甚至會碰到主管跑來告訴我：「謝謝吳先生你的建議，我們當初沒有想到可以這樣做。」

我想，每一次出門前，無論是住飯店還是要去吃飯，多數人都是抱著興高采烈的心情，預期得到一次美好的體驗，但如果因為對方出現小疏失，或服務不周的地方讓你心生不滿、當場抱怨，結果一個火氣上來，場面變得尷尬無比，這樣的體驗對服務者和被服務者來說是兩敗俱傷。你花了錢卻惹了一肚子氣，而對方可能會想說今天也太倒楣，一上工就碰到了奧客。

這幾年大家常把消費糾紛丟上網討論，點評文化盛行，常看到很多網友沒去過、沒吃過，一看到報導就去給某個店家一顆星的差評。但我常想，與其事後抒發怨氣，何不試著在現場理性回應、善意給予提醒，讓店家有改善的機會？試想，我們覺得不妥、服務不夠到位的地方，用正面態度去做提醒，讓店家有進步的機會，回饋到消費者身上也就能變成好的體驗，服務者、被服務者雙方都多一點寬容、多一點體諒，達到雙贏豈不是更好？

有些店家會用送小菜或給小贈品的方式，鼓勵消費者打卡或給五顆星按讚，我相信有越來越多人會在出門前先看網路評論，但要避免踩雷、避免期望值落差過大，要當一個聰明的消費者，還是要眼見為憑、吃過住過為實。

另一方面，我也想對服務從業人員說，你可以為自己驕傲、尊重現在所從事的行業，要相信自己可以提供更專業、更好的服務，不要忘記你踏入服務業的初衷。假如你今天有一點失誤，被客人抱怨了，不妨轉念想，自己多了一個機會去改變，服務產業一定要進步，創造的價值才能提升。

服務革命

美國運通的百年從心哲學，打造高價值團隊的39堂課

作者　吳伯良

封面設計　犬良設計
內頁設計　犬良設計
版面協力　李碧華
文字協力　韓嵩齡、莊樹穎、秦雅如

主編　莊樹穎

行銷企劃　洪于茹、周國渝
出版者　寫樂文化有限公司
創辦人　韓嵩齡、詹仁雄
發行人兼總編輯　韓嵩齡
發行業務　蕭星貞
發行地址　106 台北市大安區光復南路202號10樓之5
電話　(02) 6617-5759
傳真　(02) 2772-2651
劃撥帳號　50281463
讀者服務信箱　soulerbook@gmail.com
總經銷　時報文化出版企業股份有限公司
公司地址　台北市和平西路三段240號5樓
電話　(02) 2306-6600

第一版第一刷 2023年7月7日
第一版第四刷 2024年6月17日
ISBN 978-626-96881-6-6

國家圖書館出版品預行編目（CIP）資料

服務革命/吳伯良著. -- 第一版. -- 臺北市 : 寫樂文化有限公司, 2023.07
面；　公分. -- (我的檔案夾 ; 69)
ISBN 978-626-96881-6-6(平裝)

1.CST: 服務業管理 2.CST: 在職教育 3.CST: 組織管理

489.1　112007744